司馬紅太郎／秋山浩一／森龍二／
鈴木昭吾／都築将夫／堀明広／
佐々木誠／鈴木準一

IT業界の病理学

技術評論社

免 責

　本書に記載された内容は、情報の提供のみを目的としています。したがって、本書を用いた運用は、必ずお客様自身の責任と判断によっておこなってください。これらの情報の運用の結果について、技術評論社および著者はいかなる責任も負いません。

　本書記載の情報は、刊行時のものを掲載していますので、ご利用時には変更されている場合もあります。

　以上の注意事項をご承諾いただいたうえで、本書をご利用願います。これらの注意事項をお読みいただかずに、お問い合わせいただいても、技術評論社および著者は対処しかねます。あらかじめ、ご承知おきください。

商標、登録商標について

　本文中に記載されている製品の名称は、一般に関係各社の商標または登録商標です。なお、本文中ではTM、®などのマークを省略しています。

はじめに

「IT業界には問題が山積みされている」

　まるで決まり文句のように、さまざまな人が口をそろえて指摘しています。

「アジャイル開発を導入するも、表面的なプラクティスをなぞるだけ。実施すべき作業を『面倒だから』と単純に省略して骨抜きにし、プロジェクトを行き当たりばったりで進め、火を吹いてしまう」
「コストと納期が非常に厳しい状況下では計画を立てるのは無意味であると、リスクをまるで無視して、目先のマイルストーンだけを目指してひたすら突進し、破たんしてしまう」
「何か新しい技法を取り入れようとしても、『理想と現実は違う』『作業が増えてしまう』『すぐに効果が見込めない』と突っぱねられてしまう」
「流行っているものに闇雲に飛びつきマネするも、うまくいかなければ『ウチには合わない』と早々に捨て去ってしまう」
「トラブルの原因を十分に分析しないまま、もっともらしい再発防止策はとられるものの、問題が再発する」

　そんな「思考停止」「責任転嫁」「独善」「妥当でない価値観」「悪い状況や習慣への慣れと麻痺」といった、ドロドロしたネガティブな要因に起因する問題ばかり。問題に気づいた者が技術論・方法論をいくら説いても、問題が問題として扱われずに軽視されることもあります。一生懸命に取り組んでいるのにわかってもらえず、歯がゆさを味わうばかり。いつしか徒労感や無力感にさいなまれて、「現実はこんなものさ」と悪く達観し、先に進む力を徐々に失ってしまうこ

3

とにもなってしまいます。

　こんな状況でいいはずがありません。では、どうすればいいのでしょうか。IT業界では、優れた知見が書籍、記事、論文などで広く共有されていますが、それらを取り入れようとすれば問題は解決していく、という単純な話ではありません。

　まずは、どんな問題があるかを把握し、チームメンバーや組織で共有することが不可欠です。そして、問題はなぜ起きるのかをよく分析し、適切な対策を打つのが大事です。

　本書では、ソフトウェア開発や保守にまつわる問題を「病気」に見立てて列挙し、それらが起きてしまっている原因や対処方法などを以下の形でまとめています。

◻ 症状と影響

→その病気が示す症状と、どこにどんな悪さを及ぼすのかをかんたんにまとめています。

◻ 原因・背景

→その病気が発病する原因、罹患しやすい背景を記しています。

◻ 治療法

→可能な限り、その病気の治療法を記しています。すぐに治療可能なものもありますし、ある程度の時間が必要なものもあります。現在では根治が難しいものもありますが、それについては将来への展望を記してあります。

◻ 予防法

→その病気に罹らずにすむ方法を記しています。病気に罹ってから治療するよりも、病気に罹らないように予防するのが最善です。

■ 異説

→本当は病気に罹っている状態なのに「病気でない」と誤診したり、本当は健康な状態なのに「病気に罹っている」と誤診したりするケースなどの違った見方を記し、筆者らの一方的な決めつけにならないように留意しています。

■ 補足

→本文中では記載しきれない補足事項を記してあります。

読みやすくするため、開発、レビュー・テスト、運用・保守、マネジメント、業界といった章を設けていますが、最初から順に読み進める必要はなく、どこから読んでもいいようにしてあります。

本書で扱っている病気たちは、エンタープライズ系や組み込み系など、特定の分野に限定していません。想定読者も、特定の職種に限定していません。ソフトウェア開発、テスト、品質管理、改善推進、マネージャーなど、IT業界に関わる方々に広く共感していただけるものを目指して執筆しました。執筆者たちは、高いところから説を唱えているわけではありません。本書の執筆者の各人も、ドロドロしたネガティブ要因の中でもがいている者の1人です。

まずは「こんな病気って見たことがある」「自分たちも罹ってしまっているかも」と笑い飛ばし、楽しんでください。そのうえで、何か困ったことがあった時や行き詰まった時に読み返していただき、病気の治療と予防に本書が少しでもヒントになれば、筆者たちにとってこれほどうれしいことはありません。

1章 開発の病気

01	仕様を決められないユーザー (司馬)	10
02	「現行どおり」の要件定義 (佐々木)	14
03	要求に対する問題がリリースの直前になって見つかる (秋山)	19
04	スパゲッティ・ドキュメント (森)	22
05	T.B.D 依存症 (都築)	28
06	なんちゃってアジャイル症候群 (司馬)	32
07	絶対にさわれないソースコード (森)	41
08	だれも見ない開発標準 (秋山)	47

2章 レビュー・テストの病気

01	全部そろってからレビュー (森)	52
02	メールレビューという名のアリバイ作り (秋山)	57
03	腐敗したテスト仕様書 (都築)	60
04	絶対に見ないエビデンス (森)	63
05	重荷にしかならない不具合管理 (鈴木昭)	67
06	テストケース肥大病 (鈴木昭)	72

3章 保守・運用の病気

01	困りごとが解決されないヘルプデスク (秋山)	80
02	マニュアルどおりにしか動けない運用者 (司馬)	84
03	「運用でカバー」依存症 (司馬)	89

| 04 | なんちゃって DevOps 症候群（司馬） | 94 |
| 05 | 高齢化するばかりの運用現場（司馬） | 101 |

4章　マネジメントの病気

01	プロジェクト管理無計画病（司馬）	106
02	有識者をつれてきたから安心病（鈴木準）	111
03	リリース可否判定会議直後の重大バグ報告（秋山）	114
04	杓子定規な監査（堀）	119
05	プログラマのモチベーションが一番大事病（司馬）	124
06	問題解決のための会議に当事者が参加していない（秋山）	128
07	再発防止につながらないトラブル解析（秋山）	132
08	永遠の進捗90%（司馬）	135
09	失敗だらけのPoC（司馬）	139
10	部署名錯乱病（司馬）	142

5章　業界の病気

01	勉強会は業務ですか?（秋山）	148
02	受注のジレンマ（森）	152
03	超多段階下請け開発（司馬）	156
04	プログラマ→SE→プロマネのキャリアパス病（司馬）	161
05	学生のキャリアアンマッチ病（司馬）	166

| 参考文献 | 169 |
| 索引 | 170 |

1 章

開発の病気

01

仕様を決められない
ユーザー 司馬

症 状 と 影 響

「何で自分が決めないといけないのか？」
「そもそも、仕様なんてやばそうなものを決める権限があるのか？」
「何が書かれているかわからないものを決めたくない」

　システム開発ベンダーが「仕様を決めてくれ」とせっついても、ユーザーから返ってくるのはこんな答えばかり。ベンダーには開発範囲が不明のため、どれくらいの作業量かがはっきりせず、開発の着手が遅れたり、「みなし」で開発を始めて進捗遅延を引き起したり、リソース不足による製造物の品質の悪化につながります。

原 因 ・ 背 景

　ユーザーがウォーターフォール型のシステム開発のやり方を理解しておらず、「仕様というのがどのようなものであり、システム開発にどんな影響を与えるものか？」がわからないのが原因の1つです。
　逆に、ユーザーが仕様確定の重要性を認識している場合は、「仕様を確定させることのデメリット」のために、仕様をわざと確定させ

ないケースがあります。一説によると、銀行や公官庁などで「仕様を確定させる」責任を負いたくない人が多いことで有名です。もし作ったシステムに問題があった場合に、責任問題になることがあるからです。また、仕様を確定させたくても、権限を持った人がいないケースもあります。

治療法

　ユーザーに知識やスキルがなければ、ベンダーが代わりに仕様書を書くのも一案です。最近では、ユーザーのシステム部にベンダーが出向したり、出向はしないもののユーザーのシステム部や企画部に常駐し、システム部の作業を代替することもあり、その一環として仕様書も作成することがあります。そのような場合、あくまでもユーザーの立場で仕様書を執筆したり、仕様を確認することが重要です。自社を含む特定のベンダーに対して有利な条件をつけたりすることは厳禁です。

　仕様を確定するのが嫌なユーザー、責任を取りたくないユーザーへの対策として、責任を分散するために、何人かで分割して仕様を確定してもらうことがあります。「1章はAさん」「2～5章はBさん」のように分けることもありますし、表紙の頭紙に複数人の承認者の名前を書いて責任分解することも多々あります。

予防法

　この病気に感染するのを防ぐには、仕様を確定することの重要性を認識してもらうことが大事です。スケジュールに主要なマイルストーンとして「仕様確定日」を明記するのは当然として、契約書にも仕様の確定に必要な文書を明記したり、仕様を確定しない場合の対処、

たとえば「仕様を確定しない場合は、提案書に添付した業務定義書などを基に開発に着手する」などと記載したりすることも必要です。

さらに、以下のように事前におこなう戦術はさまざまあります。

- 仕様を確定するキーマンを by name でアサインしてもらう
- システム部だけでなく、現場のキーマンにも参加を依頼する
- 定期的な打ち合わせを設置してもらう
- 業務単位の部会を細かくして、参加者を少人数にする

トップレベルから協力を依頼してもらうのも効果的です。

キーマンを把握するのは初回の開発では難しいことがありますが、過去に当該会社のシステムを開発したベンダーにヒアリングするなど、調査は可能です。

仕様を確定できるキーマンは、本業や別作業で多忙なことも多く、仕様を確定するための会議／打ち合わせを調整するのも難しいことがあります。そのような場合でも、次のような少しずつ確定の割合を増やすテクニックは有効です。

- 事前にレビューや打ち合わせの日程を仮決めする（「枠を押さえる」）
- キーマン参加時点で、議事録などに仕様の確定度合を記載する
→例：「9月10日にて、受注処理については業務フロー、画面定義書にて合意済み」（参加者：山田主査）など

「仕様は確定した後には変更できないから、確定したくない」というユーザーに対しては、短期スパンで開発を回す手法で対応することも視野に入れたほうがいいです。具体的には、本開発と並行で「1.5次開発」などを走らせ、「確定後の変更」を載せることを可能にする、という手法です。

残仕様の分割並行開発スケジュール		
	本開発	1.5次開発
4月	基本設計	
5月	詳細設計	基本設計
6月	▲仕様確定	詳細設計 ▲残仕様確定
7月	製造／単体テスト	製造／単体テスト
8月	結合テスト ← ──残仕様を本開発への取り込み──	
9月	システムテスト	
10月	受け入れテスト	
11月		

仕様を決められないユーザー　**13**

02

「現行どおり」の要件定義

佐々木

症 状 と 影 響

「現行システムと同じ仕様でお願いします」
「記載していない部分は、既存の仕様と同様で」

　システムの更改や派生開発では、このような要求がユーザーから
ベンダーに伝えられることがあります。

ベンダー「この現行仕様は次期システムだと、変更点として見直した
ほうがいいでしょうか？」
ユーザー「変更する必要はありません。現行どおりとしてください」
ベンダー「……了解しました」

　こういった形でベンダーからの提案を無下に断って、現行システ
ムの仕様に固執するケースも少なくありません。しかし「現行どおり」
といっても何がどこまで同じなのかは、ユーザーとベンダー側で同
じ認識とはかぎらないのです。特に大規模システムでは既存仕様を
細部まで理解している担当者ばかりではありませんし、システム更
改のために現行システム未経験の担当者を大量に増員した状況であ

ればなおのことです。現行どおりの共通理解が十分ではないため、現行の仕様を踏襲できない可能性は高くなります。

そうしたリスクがあるにもかかわらず、「現行どおり」というあいまいな要件で開発が進むと、システムのあちらこちらで目的に沿わないふるまいが多発して、広範な影響調査や現行仕様の再調査に追われ、本来は変更すべきであった仕様を一から検討することになるのです。場合によっては、要件自体を追加する事態にも。そうした欠陥が混入するのは関係者が詳細に検討していない部分であるため、レビューで検出することは困難です。結果として、多くの欠陥がテスト段階やリリース後の本番障害として発覚することになります。

原因・背景

この病気のおもな原因は、要求をまとめるユーザー側の力量不足や、現行システムに明るい有識者を確保できないことですが、次のような担当者の心理も背景にあります。

- 今のシステムが本番環境で問題なく動いているのだから、下手に仕様を変更してはいけないな
- 今回担当する部分は現行システムの仕様がわからないから、とりあえず「現行どおり」としておこうかな
- 現行システムの仕様を調べていると時間がかかるから、早く仕様をまとめるため「現行どおり」とするのがてっとりばやい
- 仕様を変更すると関係者との調整が大変であるし、今と同じならだれも異論はないだろう
- 新しい仕様に見直してうまくいかないと責任を取らされるし、何も変更しないほうが安全だろう

治 療 法

　要件定義にかかわるユーザー自身の心理状態が強く影響しているため、すでに症状の現れた患者自身が自ら治療に臨むことは期待できません。しかし、「現行どおり」と定義された要件に対して、関係者が次の行動に取り組むことで症状を改善することはできます。

どうして「現行どおり」と要件を定義したのか、理由を具体的に確認する

　明確な根拠や理由がない場合、要件のレビューアーやベンダーの質問によってユーザーに再検討を促すことになります。ユーザーから「現行どおり」とした回答があったとしても、筋の通っていないことは多いため、質問を掘り下げていくことで要件の具体化が期待できるでしょう。

ケーススタディを作成して、現行どおりで問題がないかを机上で検証する

　特定の操作やデータ入力といった代表的なケース別に、期待するふるまいとなるかケーススタディを検証することで、現行どおりの不備を検出できます。

　なお、Wモデルによるシステム開発では、要件定義のタイミングでテスト設計に取り組むため、この治療法が効果的に作用します。

　いずれも治療のポイントは、「具体的に確認すること」それに尽きます。「現行どおり」というあいまいな要件に対しては、それが妥当であるかを何らかのアプローチで確認していきましょう。

16　　第1章　開発の病気

予防法

　発注者であるユーザー側と受注者であるベンダーの双方が、次のような行動を起こすことが有効です。

病気が発症することによる問題点を共有・理解する

　「現行どおり」の要件をもとにした開発の後工程でどういった問題が発生するのか、実害が発生した実例や注意点などを教訓として資料に残すなど関係者の意識を高める取り組みです。

「現行どおり」という言葉を取り締まる

　割れた窓を放置すると次々にほかの窓も割られていく、つまり軽微な犯罪を放置すると注意を払われない象徴になり、発生件数が増えて、さらには凶悪犯罪の発生にもつながっていく「割れ窓理論」という考えがあります。ニューヨークでは、この理論を市長が実践したことで、凶悪犯罪の発生件数が減少しました。それに倣って、軽微であっても「現行どおり」という具体化な中身を伴わないマジックワードを放置せず、見つけるごとに正していく姿勢が大切です。

問題意識を持つ新しい人員を投入する

　漠然と「現行どおり」をよしとしない人員を投入することで、病気の発生と蔓延に対する耐性を高めます。

　ただし、意思決定が可能な管理者、または管理者と信頼関係があって強く意見できる立場の人でなければいけません。意思決定にかかわれない人の場合、問題を感じてもその状況を変えることは難しいためです。

上流工程の原理原則を学ぶ

「実務に活かすIT化の原理原則17ヶ条」※などを参考にして、システム化の要件をまとめるための基本的な考え方と行動規範を関係者が学ぶことも有効でしょう。なおこの病気は、原理原則の14条（「今と同じ」という要件定義はありえない）に該当します。

異説 システム化の要求が「現行どおり」となっていても、必ずしもそれが悪い影響を及ぼすとはかぎりません。次のような状況においては適切と見なせることもあるのです。

- 関係者間で「現行どおり」の意味する内容が明確であり、システム開発を推進するうえで認識の齟齬が発生しない
- 納期の都合で短期間にシステム化要求をまとめる必要に迫られ、かつ記載を「現行どおり」と簡略化しても実害がない（または、実害はあるがそれを許容可能である）
- 要件が具体性のない「現行どおり」であっても、それをカバーする後工程の取り組みが計画されている（例：現行システムと次期システムのふるまいを、細部まで比較検証する試験計画を立てた）。

上流工程での対処が難しい状況では、テストによって実害の軽減を目指すことも有効な対応の1つです。現行どおりの仕様で発生する不具合をバグ票に記載し、発生事象からあるべき姿への改修（仕様変更）を促すアプローチとなります。あくまで事後的な対処ですが打開策は現場に適した形で存在するため、諦めムードとならずにシステム開発全体を通して対処することが重要です。

※ IPA「SEC BOOKS：実務に活かすIT化の原理原則17ヶ条」
https://www.ipa.go.jp/sec/publish/tn10-001.html

18 第1章 開発の病気

03

要求に対する問題が リリースの直前になって 見つかる　／秋山

症 状 と 影 響

　すべての機能の実装が終わり、単体テスト、結合テスト、システムテストのそれぞれに合格したのに、最後の受け入れテストで「この機能がないと業務がまわらない」といった大きな問題が見つかることがあります。要求に対して、ユーザー参加でレビューはおこなっていますし、ベンダーとユーザーとの間で仕様に対するQ＆Aも100回以上おこなっているにも関わらず、です。

　機能が期待どおりに動作しない問題（いわゆるバグ）であれば、欠陥を修正して取り除けばいいのですが、機能が存在しない場合、要求の分析から始めて、仕様化、設計、実装、テストが必要です。つまりは、大きな手戻りが発生します。この影響は多大であり、納期にリリースできなくなることはもちろん、場合によっては数ヶ月の遅延につながります。

原 因 ・ 背 景

　要求に対するレビュー時には、レビュー対象となる新システムの導入時期が何ヶ月も先であり、そもそも実現するかどうかも怪しい

ので、ユーザーが真剣にレビューをしないのが原因です。

「今のシステムはたしかに使いにくいところもあるし、今後のことを考えると新システムの必要性もわかる。けれど、新システムにはバグがあるだろうし、使い方も覚えないとならないから面倒だな。できれば今のシステムを使い続けたいな……」

　そう、ぼんやりと思っていることすらあります。
　また、ユーザーはソフトウェアについては素人なので、仕様書だけではどのような動きになるのかが想像できないことがあります。「動いているものを見てはじめて、何が欲しかったのかがわかる」ということは多いものです。
　そして、システム開発という仕事において、後から（無償で）仕様を変更する悪い商習慣があることも見逃せません。システムの発注時には厳密に見積もる費用について、プロジェクトが終盤に差しかかるテスト工程のころにその仕様変更が不具合であるかのように言えば、（本当は下請法に触れるかもしれませんが）無償で実装してしまうこともあるからです。

治療法

　この病気の一番の治療法は、「要求から導入までの時間を短縮する」ことです。何ヶ月も先のリリースに対して真剣になることは困難だからです。
　アジャイル開発では、「2週間程度を単位にシステムができることを増やす」という方法を取っています。2週間後に新しくできるようになること（＝ユーザーストーリー）について、プロダクトオーナーを入れて議論し、「何から実装したら一番ビジネス価値が高くなるの

20　　第1章　開発の病気

か？」を議論し、開発するユーザーストーリーの優先度を決定します。そして、継続して漸進的にシステムの価値を高めるようにします。

また、「動くものがないとピンとこない」というユーザーに対しては、プロトタイプやモックを作成し、全員でレビューするようにします。プロトタイプは最悪、紙芝居でもかまいません（「ペーパープロトタイピング」という手法としてまとめられています）。

機能追加に対して料金をいただくために、システムの仕様までは準委任契約とし、それ以降を請負契約として分けることをIPA/SECでは推奨しています。「システム分析などの能力の提供」と「成果物に対する開発責任」を分けて契約するというアイデアです。万が一のときにシステム開発訴訟とならないために、検討すべきポイントです。

予 防 法

システムを利用するユーザー部門自身が、現状のシステムの問題点について年に一度は分析し、結果を経営者に報告することが予防となります。なぜなら、システム刷新の動機づけになるからです。システム部門などに言われてシステムを刷新するのではなく、自らが現システムの問題とシステム刷新のメリットを理解すれば、他人事にはなりません。

異 説 発注元で業務分析を実施し、その後に要求を取りまとめて具体化し、仕様を仕上げる技術者（社内コンサル）を育成する方法があります。社内で育成できない場合には、コンサルタントに頼む場合もあります。

なお、欧米では、ベンダーにすべてを丸投げにせずに、システムの仕様までは発注元で責任を持つケースが増えています。

要求に対する問題がリリースの直前になって見つかる　**2 1**

04

スパゲッティ・ドキュメント

森

症 状 と 影 響

　粛々とドキュメントを作成しているうち、だんだんと開発のスピードが下がってくる。レビューで積み上がる不具合の数がどんどんふくれあがっていく。

　どこかの銀行の巨大プロジェクトで絶大な成果を上げたはずの開発標準を、コンサルタントが鳴り物入りで持ってきたはずなのに、なぜか開発スピードは上がらない。

　レビューで指摘を受けた箇所のつじつま合わせをしなければならないドキュメントが山積みで、設計や実装が先に進まない。

　ドキュメント（作業成果物）の種類が多く、かつ参照も多いと、成果物間の整合性の維持に膨大な時間とコストがかかります。そのため、「納期優先」を理由に整合性の維持が放棄され、結果として成果物の品質は下がります。

　現場の設計者は、成果物の変更や修正のしにくさ、または修正によるデグレードの起こりやすさなどから、ドキュメント体系の複雑さにうすうす気づいてはいます。しかし、それを可視化する方法がないので、どこに複雑さが集中しているかを具体的に把握できませ

ん。結果として、ドキュメント間のトレーサビリティが取れないことを起因とする欠陥が多発する場合もあります。

原因・背景

　開発の現場では、プロジェクトの規模に合ったドキュメント体系を、プロジェクトごとに設計しなおすことはまずおこなわれません。類似した規模のプロジェクトから成果物体系をそのまま引き継ぐことがほとんどです。

　また、一覧系の成果物にとにかくなんでも載せてしまう傾向があります。使わなくなった項目を削除することはほとんどなく、整合性が維持されているかいないかに関係なく、項目として残してしまうことが多いです。

　さらに、作業のために確認用として残しておいた項目をそのまま消さずにおいてしまい、結果的に消すタイミングを逃してしまうこともあります。これは裏に、成果物のオーナーが発注企業である場合などは、作成者に消去の決定権がないために、成果物をMECE（漏れなくダブりなく）に保つ権限がないという事情があったりします。

治療法

　すでに巨大化したドキュメント体系を小さくするのには困難を伴います。成果物間の関係性を表す成果物関連図（予防法を参照）を見ながら複雑化を回避するしかありませんが、やむをえず複雑になってしまった場合には次の処置をおすすめします。

スパゲッティ・ドキュメント

1. トレーサビリティと無関係な関連を削除する

以下のようにして、不要な関連を削除します。

- 転記のために関連元からトレース先とトレース元を表すデータをコピーする
- 関連先に貼り付けて成果物に対する目的の作業をおこなう
- 最後に転記した関連付けのためのデータを削除する

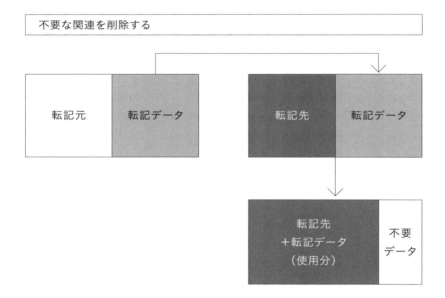

2. 成果物を分割する

「関連の数が4つ以上になると整合性を保つのが難しい」という筆者の経験から、4つ以上ある関連のうち、成果物の内容から複数に分割できないかを考えます。たとえば一覧系成果物の場合、1つの成果物Aに対し、ほかの成果物への関連から成果物A-1と成果物

A-2に分けられないかをまず考えます。ちょうど「凝集度」の考え方に近いのですが、高い凝集度を示す機能の塊でプログラムを分割するようなものです。これは、仕様書のリファクタリングでも同じように機能し、成果物の保守性向上に寄与します。

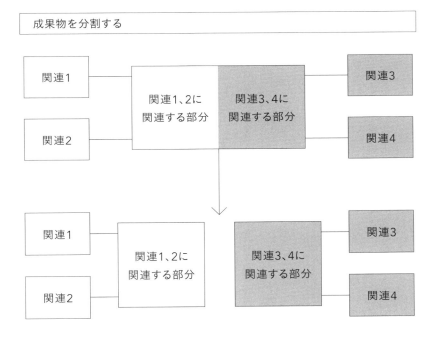

成果物を分割する

予防法

　成果物関連図を作ります。これは、プロジェクトの管理対象である成果物を1つの四角で表し、その間がどういう項目でつながっているかを表した、一種のデータモデルです。
　たとえば、「画面一覧と画面設計書は、画面IDまたは画面名称で

スパゲッティ・ドキュメント　　**2 5**

つながっている」とします。この場合、画面一覧の四角と、画面設計書の四角の間に線を引き、項目名称として「画面ID」または「画面名称」をつけます。

成果物関連図

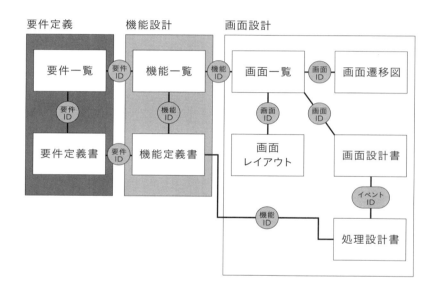

　こうした静的な関連図を作っておけば、開発の進捗のスナップショットとしてどこに関連が集中しているのかが明白になります。また、時系列での変化を見ることで、プロセス上の不備を直せるようになります。
　注意しなければならないのは、プロジェクトで「関連図」という場合、「プロセスフロー図」を見せられるのが多いことです。プロジェクトを推進する立場ではたしかにプロセスフロー図は重要なのです

が、ここで話題に挙げているのはあくまで「成果物間の静的な関連を表したもの」です。

異説　ドキュメント体系が複雑であること自体は、扱う対象が複雑である場合は必要悪といえるかもしれません。しかし、扱う対象に見合わないドキュメント体系を維持することが目的になっていたり、そのために管理工数が拡大するようであれば、重症化します。また、循環参照（参照先の成果物から逆に参照元の成果物を参照すること）を併発しやすく、整合性の維持は困難を極めるようになります。

補足　「機能一覧」「画面一覧」のような一覧系の成果物は、その本質的な役割から、関連の増大や集中を起こしやすいです。これは、内容を見て個別に判断すべきです。もし不要な項目が残存しているようであれば、早め早めに削除しましょう。筆者の感覚では、1つの成果物に4つ以上の成果物がひもづいているとこの状態に陥っている可能性が高いので、まずそこからレビューを始めます。

　なお、ここで言及している「関連数」とは、成果物の種類間の関連数であって、個々の具体的な成果物（たとえば基本設計書（1）（2）など）を指すものではありません。同じ種類の成果物がたとえ何百、何千あろうとも、成果物の種類から見ると1つの関連しかなければ、関連数は1となる点にご注意ください。

スパゲッティ・ドキュメント　**2 7**

05

T.B.D依存症

都築

症 状 と 影 響

　納期が迫ってくると、担当者に「その部分だけにかまってはいられない」という気持ちが生まれ、「T.B.D（To Be Determined：将来仕様を決定する）」と記載し、先送りします。最初のうちは、システムのキモとなる「決定を遅らせないほうがいいところ」については注意を払ってT.B.Dとはせずに調整するのですが、それもだんだんと面倒になってきて、ほかのチームと調整が必要な部分は脊髄反射的に「T.B.D」と書き込むことで、あたかも仕様検討が済んだかのようにフタをして先送りするようになります。

　しばらくして、自チームで進められる箇所の仕様書が完成すると、「T.B.D」と記載した部分の仕様の整理を始めようということになりますが、先送り事項の数がフォローできないレベルまで増加していることもめずらしくありません。結局、比較的仕様が明確な部分から先に対応し、残りは先送りになります。

　数ヶ月後、システムが動きだし、テスト工程に移行すると、複数のテスターから

「仕様が不明確で、何が正しい動作なのかわかりません」

「エラーメッセージの意味が不明です」
「ある機能を実行するとシステム全体がダウンします」

などの不具合報告が次々とあがり、対応するための追加工数が増加します。その後、何とか出荷することができても、品質問題が発生し、不具合対応の工数と品質対策のコストがかさんでしまい、「当該プロジェクトは大失敗」との評価を受けます。

原因・背景

　T.B.D依存症には、4つの原因があります。

1. 工数不足

　T.B.Dをなくすためには仕様の調整が必要ですが、短納期の背景もあり、どの開発チームも忙しいので、時間が取れずにズルズルと進んでしまうことが多いです。工数不足に対して有効な施策が示されることなく、「死に物狂いでがんばれ！」と精神論で乗り切ることがあたりまえになっている職場もあります。

2. 元の要求があいまいであるため、合理的に仕様を確定できない

　もともと、システム開発ではユーザーの業務の課題や問題点が明確でないことが多く、要求があいまいになりがちです。しかし、「仕様から動くソフトウェアを作り、納品する」ことが仕事だと考えるため、ユーザーの業務を深く理解する必要性を感じず、要求を仕様化するスキルを磨く機会がありません。

　また、人月積算で対価をいただくビジネスモデルの場合、稼働時間を増やして利益を確保することに重点を置くことになり、要求をきちんと仕様化しようとする意欲が失われがちになります。

3. 「仕様書作成の遅延を隠そう」という意識が働く

どの開発チームも、「自分のチームが原因でプロジェクト全体の納期が遅延した」とは言われたくありません。このままでは早晩破たんすることがわかっていても、「どこかのチームがギブアップしてくれないかな？」とじっと声をひそめ、(T.B.Dと書くことで)自分のチームが担当している仕様書の作成は遅滞なく進んでいることをアピールしたいのです。

4. 開発体制が分断されて意思疎通がとりにくい

開発が複数のチームに分かれることはしかたありませんが、どうしてもチーム間の意思疎通はしにくくなります。担当者レベルではほかの開発チームのメンバーと良好なコミュニケーションを取るように努力しますが、組織構造が縦割で不適切である場合、うまくいきません。

また、組織が巨大になるとマネージャーが開発の問題点や課題を把握することが困難になるため、「T.B.D」と記載された部分がフォローされません。

治療法

まずは、QCD（Quality, Cost, Delivery）達成のために、当面の工数不足をなんとかしましょう。T.B.Dとなっている仕様について、機能ダウンしてでも現開発で実装するか否かを開発マネージャーに決定してもらってT.B.Dを縮減し、工数不足を解消します。

T.B.Dとなっている仕様には、要求が不明確なものが多いものです。そのようなT.B.D項目は、要求が固まるまで決定を遅らせるのも1つの手です。無理やりT.B.Dを埋めても、仕様が変更になってしまえば二度手間となるからです。T.B.D項目によっては、次回の

機能追加で対応すれば問題がないものもあります。

　そして、ほかの開発チームに依存する要求や仕様が遅延ないように、以下のことを実施してください。

① T.B.Dの仕様が発生したらバックログ（残タスクのリスト）に記録し、
　マネージャーが逐次フォローを入れる
② T.B.Dの仕様を放置したときのリスクを把握する

　仕様書に書きこまれたT.B.Dは、仕様書を読まないと視界に入りません。上記①により、少なくとも件数がどう変化しているかを管理することが大切です。

　②ではリスクの大・中・小を記入するのではなく、新規T.B.Dを登録するたびにバックログをリスクが高い順に並び変えて、「常に先頭のT.B.Dから対応すればいい」というインフラを整えることが重要です。リスクを大・中・小で管理すると、あとから「このT.B.D項目のリスクは『特大』だ」とか「こちらは『特級』だ」などと言う人が現れて、収拾がつかなくなるからです。

　もし、組織構造が縦割りで、担当者とほかの開発チームのメンバーで意思疎通が困難と判断した場合、マネージャーが双方の認識のズレや誤解を解消するように働きかけましょう。

予 防 法

　各開発チームがいつまで仕様書のT.B.D.項目を認めるのか、どこからは仕様変更または追加仕様の扱いにするかは、プロジェクト計画時に各ステークホルダーの合意のもと設定しましょう。そして、期限を設定したうえで、日々の管理項目として状況を見える化しましょう。

06

なんちゃって
アジャイル症候群 / 司馬

症 状 と 影 響

この病気にはいくつかの症状がありますが、代表的な症状は以下のA型とB型です。

☐ A型＝反復ウォーターフォール
→ 単なる反復開発を「アジャイル開発」と定義する

☐ B型＝無文書開発
→「アジャイルは文書よりも対話だ[※1]」をキャッチフレーズにして、必要なドキュメントを作成せず、必要なプロセスを無視してシステム開発を進め、ユーザーを含めた開発現場を混乱させる

☐ B型改＝無設計開発
→ B型の無文書よりも過激。設計自体をなくし、ヒアリングした要件をそのまま実装する。開発スピードは速いが、その場のことし

※1　アジャイルソフトウェア開発宣言に、「プロセスやツールよりも個人と対話」とある。

か考えていない

A型（反復ウォーターフォール）

反復開発とアジャイルの境界が明確に定義されていないことが原因で罹患する場合が多いです。ただし、開発の作業にはあまり影響が出ません。エンジニア同士の会話で少し違和感を感じたり、感染しているエンジニアが講演するセミナーでの説明に「ちょっと待った」と突っ込みを入れたくなるくらいです。

B型（無文書開発）

大きな問題が発生するのがB型です。「『変化に対応』『プラクティス』などを実践しているからアジャイルだ」と定義しているもので、「自分たちがアジャイルと思っているからアジャイルだ」病ともいえるかもしれません。

B型感染者たちは、「ソースコード重視」という言葉を盲信し、プログラミングを最重要事項と考えています。設計書はプログラミングのためのものであり、「正しいプログラムがあれば設計書は必要ない」という考えを持つ者もいます。そのため、必要最低限以下の設計書やドキュメントをちょこちょこと作成、あるいは納品間際に間に合わせで作成し、プログラミングに取りかかります。

B型改（無設計開発、別名「重度B型」）

設計の工程自体をなくしてしまう考えになります。非常に画期的で革新的でドラスティックな手法ともいえます。ユーザーと打ち合わせをした後、議事録も書かずに、すぐに、さくっとプログラミング、バグが出たらすぐに修正、というプログラマにとってはエデンの園といえる環境、至福の時が永遠に続くことになります。設計書やドキュメントなどがないため、すべての情報がソースになります。あ

なんちゃってアジャイル症候群　**33**

りとあらゆるコメントがソースに書かれることになる、いや、「コメントを書くことも時間の無駄」と定義し、実行のためのコードしか書かない場合もあります。

　どの型にも共通するのは、「アジャイル開発といいながら、アジャイル開発でない」ということです。

　なんちゃってアジャイル症候群が進行すると、「自己流・自社流の意味不明な開発手法」「いろいろな作業を徹底的に省略した手法」を「次世代アジャイル」「アジャイル2.0」「アジャイルイノベーション」などの造成用語で定義し、さらに「生産性が2倍に上がった」「開発期間が1/2になった」「文書もプログラマもいらない開発手法」などのキャッチフレーズで宣伝し、それを信じた他社に感染させることになります。通常のシステム開発に疲弊した他社が、その効果を盲信し、渇用する（誤字ではなく「渇望し使用する」）ことにより、一部のIT業界に蔓延し、パンデミックとなります。

　さらに、この病気を悪化させると「アジャイルまんせー病」、つまり「アジャイル以外の開発はダメだ」「アジャイル以外は認めない」「すべてのシステム開発はアジャイルへ」という極端な考えにとらわれることがままあります。アジャイル、それも自己流アジャイルのやり方でしか開発できないエンジニアが生まれ、ほかのまっとうな開発で育成されたエンジニアと会話ができないエンジニアになり、IT業界の悪い噂がまた1つ増えることになります。

原 因 ・ 背 景

　アジャイル開発は、「変化に対応する」「人を大事にする」「速く・

安く・俊敏に※2」などをキーワードにするさまざまな開発手法を包含しており、いままでプロマネが勝手に決めたスケジュールやコスト、品質などにガチガチに縛られた開発から脱却し、自分たちの考えるままに開発を進められる、夢のようなシステム開発手法に見えます。そのため、プログラマたちはアジャイルという麻薬に飛びつくことが多くなります。

　一方、経営層にも、この不確実な時代に「変化に対応」「短期間で開発」などのキーワードは魅力的です。「アジャイルについて調べろ」「アジャイルでとりあえず開発してみろ」という指示を出し、なんちゃってアジャイルのトリガーを引くことになります。

　そして、「アジャイル開発をしろ」と言われ、調べてみると、「アジャイル開発とはどのようなものか」の定義があいまいであり、ある人は「要件が決まっていないものはアジャイルに適している」、ある人は「いやいや、要件が決まっていないものは開発してはいけない。要件が明確であり、プライオリティがつけられないものこそアジャイルに適している」などと、各種各様、各人各社各様のアジャイルが定義されています。

　専門誌やインターネットなどを介して、理解が不完全なまま言葉のみが流行し、「なんちゃって」症候群をさらに蔓延させています。それらの病原菌は、「エバンジェリスト」と称する呪術師によりいっそう強化され、さらに症状を重くする事例が散見されます。新しい技術を使うことでシステム開発の革新をもたらすと思わせる風潮は、「銀の弾丸症候群」※3の一種ともいえます。

※2　「IT業界のファストフード」と呼ばれることもあります。
※3　悪魔を撃退できる銀の弾などないのに、それを求めてしまう病気のこと。フレデリック・ブルックスの論文「銀の弾などない」をベースとしている。

治療法

　なんちゃってアジャイルが進行しているシステム開発プロジェクトを立てなおすには、大きく分けて3つの方法があります。

- なんちゃってアジャイルをそのまま進め、少しずつ真っ当な形に直していく「モディファイ」療法
- 最初に立ち戻ってプロセスなどを定義しなおす「リセット」療法
- とりあえず最後まで開発した後で、必要なドキュメントなどを作成する「アドオン」療法

モディファイ療法

　アジャイルといえども、ある程度プロセスやプラクティスが明確に定義され、その定義どおりに開発が進んでいた場合に実行します。A型のように反復開発の場合は、イテレーション単位に、もしくは反復単位に少しずつプロセスなどを是正し、必要な手当てを処置していきます。場合によっては、参加しているエンジニアが気づかないうちに、すばらしいアジャイル開発に変化していることもあります。

リセット療法

　これは、かなり乱暴な治療となります。「アジャイル」とは呼べず、かといってウォーターフォールのお約束も守っていない開発方法を、とりあえずすべて「リセット」し、最初から開発し直します。

　「なぜやり直さないといけないのか？」「いままで作ってきたものはどうするんだ」という反論が確実に現場から上がってきます。開発メンバーの総入れ替えもいっしょに実施することが推奨されます。メンバーだけでなく、それを看過したプロマネなども交代しないといけません。作ったソースに対しては、一部はソースからのリバー

3 6　　第1章　開発の病気

スエンジニアリングを実施し、その整合性を確認しつつ、必要なプロセスを最初から実施していきます。コストと時間がかかる方法で、現場にショックを与える方法といえます。

アドオン療法

「とりあえず開発を完了させ、そのあとで必要なドキュメント類を作成して補完する」という方法です。開発のエンドがある程度見えている場合のみ、適用可能です。「完了したからもう関係ない」などという反論はあるかもしれませんが、システムのライフサイクルは、開発よりもその後の運用のほうがはるかに長いです。システム開発が完了した後、修正・機能追加を担当するのは、開発を担当していたエンジニアでない場合が多いものです。しっかりドキュメントなどを残すプロセスが必要になります。

なんちゃってアジャイルの治療において忘れてはならないのは、感染したメンバーのケアです。そのまま放置すると、前述のとおり「アジャイルまんせー病」を発症し、業界にパンデミックを引き起こすトリガーとなります。彼らは、隙を見せるとすぐにアジャイルをやりたがるため、隔離病棟で隔離して開発にタッチさせないなどの施策が必要になります。具体的には、開発部門から非開発系部署への異動、ちょっと名称を凝って「次世代開発プロセス推進部[4]」などを立ち上げ、そこでアジャイルを再度研究してもらうのもいいかもしれません。そのような部署に"栄転"させ、ついでに「チーフ・エバンジェリスト」という肩書を付けて、現場と切り離し、かつ頭を冷やさせることが大事です。しかし、本当のクールダウンまでは時間

※4　本書4章の「部署名錯乱病」を参照。

なんちゃってアジャイル症候群　**37**

がかかります。それまでに、彼らから「生産性が1/3になる開発を思いついた」「バグゼロのテスト手法を開発した」などの提案が上がってくるでしょうが、信用してすぐに取り入れてはいけません。まず、小さなプロジェクトで何回も実験し、効果があった場合のみ、現場で展開すれば完璧です。

予 防 法

　まず、本当に、まじめに、真剣に、「その案件をアジャイルで開発してもいいものなのか？」を確認すべきです。次ページの「博打をうたないためのアジャイル適用チェックリスト」に従うことを推奨します。

　そして、アジャイルの手法や方法論が、参加する立ち位置によって千差万別であることを理解すべきです。大枠でどのような形態のアジャイルか、つまりスクラムなのか、XPなのか、単なる反復開発なのかなどを明確にし、アジャイル大好きっ子がよく引用するプラクティスを定義することが肝要です。

　逆療法として、ウォーターフォール型システム開発を理解してもらうことも、この病気の予防につながることが多いでしょう。アジャイル＝非ウォーターフォールという考え方に基づきますが、そもそもアジャイルに関連する病気は、アジャイルへの憧れ、ウォーターフォール型システム開発への否定から発生するものが多いからです。

　ウォーターフォール開発の成功事例や、アジャイルと比較した時のコスト・生産性や品質面での優位性などを資料化し、宣伝するのも、予防につながります。

　開発手法に上下はなく、かっこいいも悪いもありません。ただ、適切な方法論を選択できるか否かが重要です。

博打をうたないためのアジャイル適用チェックリスト	
チェック項目	判定
ユーザーは協力的か？ （ユーザーと今までいっしょに開発したことが 　あるか？）	Noの場合は アジャイル不可
開発メンバーのスキルは十分か？ （開発メンバーはユーザーと非専門用語で会 　話できるか？）	Noの場合は、 そもそもアジャイル不可
サービス開始日は決められており、 延長不可か？	Yesの場合、 アジャイルはあきらめよう
ミッションクリティカルな システムか？	Yesの場合、失敗したとき に社長レベルが謝罪会見 を開く必要がある
ユーザー、メンバーは同じ場所 （1つの部屋）で作業できるか？	Noの場合、 スクラムは難しい
厳密なタイムマネジメントで管理可能か？ （毎日ミーティングができるか？）	Noの場合、 スクラムは無理
開発の後、別のベンダーが運用を担当す るか？	Yesの場合、XPは無理。 しっかりドキュメントを 残してあげよう

なんちゃってアジャイル症候群　　**3 9**

アジャイルプロセスの特性	
XP （エクストリーム プログラミング）	イテレーション（反復）開発、テスト自動化推奨、ペアプログラミング、ソースの共同所有、継続的インテグレーションなど
スクラム	スプリント（イテレーション）、デイリースクラム（朝会）、スプリントレビュー（納品前チェック）、スプリント後ふりかえりなど
リーン	7原則（ムダをなくす、品質を作りこむ、知識を作り出す、決定を遅らせる、早く提供する、人を尊重する、全体を最適化する）、22の思考ツールなど

補足　アジャイル開発の創世記から現場で実践している某氏いわく「最近、アジャイルという言葉で会話ができなくなってきた」。そのような状況を鑑みると、システム開発でアジャイルを適用する場合には、アジャイル開発のスタイル、つまり開発の手順について、関係者で定義づけ・意識合わせしないといけない。しかし、極論すると「その作業自体がプロセスに縛られるということになるため、非アジャイルになるのではないか」という自己矛盾もかかえています。ウォーターフォール型の開発を得意としている某大手ベンダーは、「アジャイル開発のガイドライン」というヘビーウェイトなドキュメントを作成し、その手順どおりにアジャイル開発を実施することを推奨しています。そのようなプロセスこそ、アジャイルにすべきものかもしれません。

07

絶対にさわれない ソースコード 森

症 状 と 影 響

- 1000行を超える関数・メソッドが存在している
- 変数名・関数名の付け方、ソースコードへのコメントの入れ方などの開発標準が存在しない
- システム全体の構造を把握している技術者がいない
- 改変につぐ改変により"建て増し旅館"状態になっている
- コードクローン（コピー＆ペースト）が多い

　以上の条件が単体あるいは複数重なると、改変や修正が進みません。最初に数千行程度の巨大なソースコードがぽつんとできただけでは大した影響はありませんが、ガンのように、そのうち自己増殖によって徐々に宿主の体力をそぎ、気がつくと巨大な動かせない塊となって「メンテナンス不可」「改修コスト増」という形で襲いかかってきます。

　この病にかかると、単に改変修正が進まないだけでなく、新しいハードウェア、OS、プラットフォームに載せ替えることができなくなり、保守費用が膨らんでいきます。また、現場のモチベーションは次第に低下します。

原因・背景

　この病気にはさまざまな原因が考えられますが、代表的なのが「時間がない」というものです。開発そのものにかける時間が少ないために、開発がひと段落ついたあとにゆっくりコメントを入れたり、行数の多い関数やメソッドを分割する時間が取れないのです。そのため、「単に動けば十分」というだけのソースコードを量産することになり、次第にソースコードの保守性が下がっていきます。また、ソースコードの動作を保証するテスト（手動・自動）を書く時間がないために、リファクタリング（機能を変えないでソースコードを整理すること）が安全におこなえません。

　次に、教育がなされていないことがあります。ソフトウェアのライフサイクル全体（開発→保守→破棄）を考えた長寿命設計のコツを教えられる人材は少なく、そうした教育も十分おこなわれているとは言いがたい状況です。保守性の意味が理解されていないために、意図せずに保守性の低いコードが量産されます。組織によっては、開発標準に保守性を考慮したコーディング規約を持つところも多いですが、炎上プロジェクトではそうした規約を守る時間もなく、やむなく無視されます。

　ノウハウの共有がされていないという原因もあります。炎上プロジェクトでは頻繁にメンバーが入れ替わることが多く、引き継ぎは最小限の時間でおこなわれるために、元々あった設計意図が失われがちです。時間的プレッシャーもあり、保守性の低いソースコードが量産されてしまいます。ノウハウの共有がされない理由は、そもそもそういう文化がない状況であることが多いように思います。たとえば、大規模SI（システムインテグレーション）でシステムを分割発注しているような場合、競争相手にノウハウが流出することは絶対に避けなければなりません。大規模の場合、競争原理でいいものを

4 2　　第 1 章　開発の病気

作らせようとマルチベンダーで発注をおこなうことが多いですが、その多くは失敗しています。その原因は、こういったところにもあると考えられます。

こうしたソースコードの整理や教育などに対する投資を、以下のような理由で「価値がない」と思っている経営者も多いです。

- 直接利益を生まない
- ソフトウェアライフサイクル全体のコスト（開発→廃棄）を考慮していない
- 開発メンバーなり会社がずっとそのままでいると誤解している

治 療 法

一般に、この病気を治療するのは非常に困難です。地道な対症療法しかないのが現状です。

まずは、現行のシステムの動作を把握し、変更をしても壊れないことを確認する目的で、入力のパターンに対してシステムがどのようにふるまうかをテストとして記述します。自動テストでも手動テストでもかまいませんが、変更中何度も実行するものなので、自動テストが好ましいでしょう。ツールはJUnitでもSeleniumでもかまいません。これにより、リファクタリングの心理的障壁を下げることができます。

リファクタリングをするにあたっては、凝集度が高く、結合度が低くなるようにするのがポイントです。凝集度とは、同一機能が複数の箇所に分散せず、1箇所に集まっている度合いを表します。凝集度が高い箇所を見つけて切り離せば、1つのモジュールとして切り出しやすく、名前もつけやすいです。もし凝集度が低い場合は、凝集度が高くなるようなリファクタリングができないか考えてみま

絶対にさわれないソースコード **43**

しょう。「似たような機能が多数のクラスに分散していれば1箇所に集める」などです。

　結合度は、モジュール、クラスなど、プログラムを実装するうえで分類した関数やメソッドがお互いに依存する度合いを表します。たとえば、2つの関数が同一クラスの変数をお互いに参照しているような場合は、結合度が高くなります。これをそれぞれの関数のローカル変数に置き換えれば、結合度は下がり、切り離しが可能になります。

予 防 法

　ソースコードの実態を開発中に常に把握することが一番の予防になります。たとえば、規模の計測には「かぞえチャオ！」のようなフリーツールがあり、じつはけっこうかんたんに取得できます。

　次の図は、物理行数（LOC）と論理行数（SLOC）を、行数の多いものから並べたものです。これにより、1000行を超えるようなソースコードが全体の何割かを把握することができます。

　また、同じソースコードに対し、コメントが何割入っているかを散布図で示すことができます。これにより、コード行数が大きい割にコメントの入っていない、解析性の低いコードが全体の何割ありそうかがわかります。

　ファイルごとコピーしたコードの場合には、点が連続することにより、ファイルのまるごとコピーが可視化されます。ソースコードのコピーは、生産性の向上には寄与するものの、改変の労力が増えたりバグがコピーされることによる弊害が少なくありません。

物理行数(LOC)と論理行数(SLOC)を、行数の多いものから並べたもの

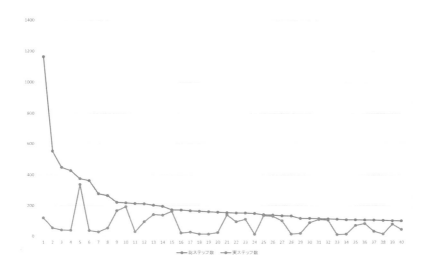

コメントが何割入っているかを示す散布図

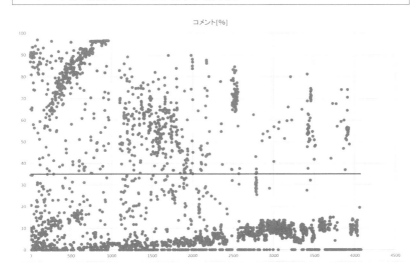

絶対にさわれないソースコード

異 説 元々複雑な業務に対して、システムが複雑化するのはやむをえない面もあります。問題は、だれもそれを把握していないことです。以下が把握できていれば、本病気には罹っていないと判断できます。

- システムと業務の対応関係
- システムと人の境界線
- システム構造の全体像
- エラーが起こった場合の発生箇所に対するトレーサビリティ

じつは「ビジネスリエンジニアリング（業務そのものを変えてしまうこと）をおこなったほうが早い」という説もあります。つまり、以下のようなことです。

- 時間の経過とともに不要になっていた業務自体をなくしてしまう
- ムダな業務の流れをなくす
- 承認のステップを減らす

これにより、機能単位、サブシステム単位、システム単位が不要になる、またはほかの代替システムで置き換えたりすることが可能になり、開発自体が不要になることがあります。

08

だれも見ない開発標準

秋山

症 状 と 影 響

　システムが大規模になるにつれてメンバーが増え、多チーム体制となると、開発チームごとに仕事のやり方が微妙に異なってきます。とくに、海外のパートナーと協働する場面があるときに、仕事のやり方が定まっていないのはうまくありません。

　標準的な仕事の仕方を明確にするために、SEPG（Software Engineering Process Group：目標達成のために組織のプロセスを企画・構築し、改善するグループのこと）などの開発スタッフは、CMMIやPMBOKなど世の中のスタンダードを寄せ集めて、自社の"開発標準"を作ります。そして、SEPGは現場に向けて「"開発標準"を作ったので今後は極力この標準に従い、どうしても合わない部分についてはその理由を明確にして、標準と異なるプロセスを取ることに対して事業部長の承認を得ること」といった指示を出します。

　社内のウェブサイトから"開発標準"をダウンロードしてみると、500ページくらいのドキュメントで、よさそうなことがたくさん書いてあります。「よし、まずは"開発標準"の理解だ」ということで勉強会が開かれて、"開発標準"を読み始めるのですが、教科書的であたりまえの話しか書いてないため、盛り上がりません。また、1回の勉

だれも見ない開発標準　**4 7**

強会（2時間程度）では10ページくらいしか読み進められないので、週1回のペースで勉強会をしていたら読み終わるだけでも1年もかかってしまいます。

　そこで、「各自、作業を始める前には必ず"開発標準"の対応する部分を読み、標準に従うこと」といった大まかな方針だけがマネージャーから出されます。しかし、チームとして"開発標準"に従うことに決まったとしても、"開発標準"を見るか見ないかは実務担当者任せになることがほとんどです。

　しかも、プロジェクトが開始してしまえば"開発標準"を遵守することよりも納期を守ることが優先されるので、マネージャーから「"開発標準"に則った活動をしているか？」と聞かれることはほとんどありません。気がつくと、"だれも見ない開発標準"となってしまっています。"開発標準"を作ったSEPGも、"開発標準"が使われているかについての追加調査はほとんどしません。

　このようにして、"開発標準"は神棚に上げられたままとなり、どんどん陳腐化し、ますます役に立たないものとなる、負のスパイラルに陥ります。なお、当初の懸念だった、海外のパートナーと協働する場面においては、"開発標準"のベースとなったCMMIやPMBOKなどを使用することで特に問題が起こりません。

原 因 ・ 背 景

　ISO 9000やCMM／CMMIと似て非なる"開発標準"をわざわざ作成するのは、世の中の標準よりもいいもの（特に、競合企業よりもいい開発プロセス）を自社標準にしたいと思うからです。現場でソフトウェア開発の片手間にできるような軽い活動ではないので、多くの場合、SEPGが"開発標準"を作成します。

　しかし、たとえ優秀な人材を集めたとしても、メンバーは現場か

ら離れたスタッフであることが多いです。そのため、世の中のスタンダードについては、外部セミナーに参加して学ぶしかありません。そして、そこで入手したスタンダードの解説書の内容に自社独自の工夫を書き加えて、もっと重くしていってしまいます。なぜなら、世の中のスタンダードに記載されている何かについて、「自社には不要ではないか」と思っても、それを取り去る判断をするのはとても難しいためです。

　本来、"開発標準"を自プロジェクトへ適用するときには、"開発標準"の記述を言葉どおりに適用するのではなく、その記述が求めている内容（や実現したい目的）をSEPGが丁寧に説明し、現場がよく理解したうえで、自プロジェクトに置き換えて適用する必要があります。しかし、そういう時間がとられることはまれです。

治 療 法

　まずは、必須事項だけを定義した数10ページの軽い"開発標準"を作り、それを"育てる"イメージで各プロジェクトへ適用することが大切です。

　半年に一度、各プロジェクトのリーダーが集まり、自プロジェクトで追加した工夫のなかで高い成果が出たものについて発表し、それを"開発標準"に追加すべきかどうかを協議します。同じ会社の他チームの成功事例は（制約条件が似ているため）取り込みやすいものです。万が一うまくいかなかった場合でも、「相談先がある」というのは心強いものです。

　この先は少々大変ですが、「追加した工夫で高い成果が出たもの」について社外発表をおこない、業界のスタンダードにしてしまうことができるとベストでしょう。その工夫をどの会社でもあたりまえにおこなうようになれば、"開発標準"に記載する必要すらなくなる

だれも見ない開発標準　**49**

からです。

予 防 法

コミュニケーションのスコープを拡げる努力が大切です。まずは、自チーム内で採用しているプラクティスやプロセスについて、朝会などのコミュニケーションを通じて熟知し、いつでも全員ができるようになることを目指してください。

次に、社内の技術コミュニティを作って情報交換をします。それを社外に広げていくことで、自然といい情報が集まり、いいプロセスが実現します。

異 説「役に立たないのだから"開発標準"など作らないほうがいい」という意見があります。たしかにわざわざドキュメントにまとめる必要はないかもしれませんが、いいやり方を共有する仕組みは有効です。いい行いを共有するために、プロジェクト終了時に「テクメモ」「論文」「特許」を書くノルマを設けている企業もあります。

2 章

レビュー・テストの病気

01

全部そろってからレビュー

森

症状と影響

開発者 「Aの仕様書ができたので、レビューしていただきたいのですが」
マネージャー 「ダメだ、BとCが出そろわないとやらない決まりだ」
開発者 「そんな！ 誤字脱字だけでも先に見てもらいたいのですが」
マネージャー 「ダメだダメだ！ 先にやるとムダになるだろ」

　このような「完成途中でレビューをやっても、どうせ後で見直すのだから意味がない」という考えのもと、全部そろってからレビュー（ビッグバンレビュー）をおこなってしまうと、人はつい誤字脱字のような軽微な欠陥を優先して挙げてしまい、大量の欠陥を前に途方に暮れます。あげくは、仕様書の奥のほうに埋もれていた重大な欠陥を時間切れで見逃してしまいます。

　また、ビッグバンレビューは膨大な時間がかかるうえに、開発の各フェーズの終わり付近で集中しておこなわれるために、直す時間がなくなってしまうことになります。直せなかった欠陥は、次のフェーズに持ち越されるだけならまだしも、最悪の場合は市場に流出し、ユーザーに迷惑をかけ、社会に多大な影響を及ぼすこともあります。

原因・背景

　ビッグバンレビューの背景としては、習慣の問題が一番大きいと考えます。成果物の最終的な品質が知りたいならば、「成果物が全部できてからレビューする」というのは、ある意味自然というか、理にかなっているといえます。

　次に、契約形態の問題が挙げられます。請負契約では成果物に瑕疵担保責任が伴うため、どのみちすべてを検査しなければなりません。レビューの実施コストはなるべく抑えたいので、どうしても1回だけのビックバンレビューを選択することになりがちです。

治療法

　根本的治療として効果的なのは、レビュー計画書を作成することです。これはプロジェクトのステークホルダーに対して、レビューの必要性と、実施には工数がかかることを明確に認識してもらうために必要なものです。テスト計画書と同じように、以下のようなことを定めます[1]。

- レビューの目的（重大な欠陥の検出、品質の現状把握など）
- レビュー対象の成果物（何をレビューするか）
- レビュー対象外の成果物（何をレビューしないか）
- スケジュール（実施人数、回数、期限など）
- 実施条件（レビューアーのアサイン状況、実施場所など）
- 中止条件（これ以上レビューしてもムダになる条件）

---

[1]　細川宣啓、"品質検査技術のトレンド ―レビューと測定・欠陥工学を中心に―"（QCon Tokyo 2011 講演資料、2011）

全部そろってからレビュー

- 再開条件（レビューを再開してもいい条件）
- 作業手順（成果物の入手、レビューの作業、フィードバックの仕方など）
- レビュー技法（チェックリストベース、パースペクティブベースなど）
- レビュータイプ（ウォークスルー、インスペクションなど）

　これにより、サンプリングレビューを効果的に取り入れて段階的に品質を上げつつ、ビッグバンレビューとして最終確認すべき箇所をある程度絞りながら、期待された品質にもっていくことが可能になります。

　そして、ドキュメント体系の俯瞰図である「成果物関連図」を書いてみてください（第1章の「スパゲッティ・ドキュメント」を参照）。これにより、整合性を確認すべき成果物の範囲がわかります。つまり、全量の完成を待たなくても、関連のある成果物の完成だけを待てばいいことになります。さらにいうと、完成していなければならない記載項目も特定できます。

　「ビッグバンレビュー」の反対語は「サンプリングレビュー」、つまり製造業の製品全数検査のように1品1品をくわしく検査するのではなく、対象の母集団から一定数を抜き出して検査する方法です。ソフトウェアのサンプリング検査の合理的なやりかたの一例としては「QI法※2」があるので、参考にしてみてください。

※2　細川宣啓、「バグを狙い撃つ技術、システムを見通す力でソフトウェア開発を楽にしませんか！、社会統計・医学などの他産業の知見で進化するソフトウェアレビュー技術」（『Software Design』2013年8月号）

予防法

　治療法で触れたレビュー計画書の下準備として、各レビューの目的を定め、どの種類のレビューをどのタイミングで投入するか、開始終了基準は何かを大まかに決めておきます。この場合、レビューした結果を反映するタイミングも計画に盛り込んでおくのがポイントです。

　そして、なるべく開発の初期から、未完成な成果物に対しても細かくレビューを計画します。この少量・多回数レビューの効果については、先行研究※3を参照してください。

　キーワードは「歯を磨くように」です。歯磨きで虫歯は治療できませんが、虫歯の原因は確実に減らせます。しかも、毎日3分しかかかりません。このような、ある意味カジュアルで気軽なレビューが、じつはじわりじわりと効果を発揮します。さらに、歯磨きのように習慣化させることが重要です。

異説　本項に関して、そもそも病気であると感じている人は少ないかもしれません。「全量レビューがあたりまえ」という組織では、病気としての痛みそのものを感じていないかもしれません。ただ、全量レビューが思ったような効果を上げておらず、製品をリリースした後に設計時のバグが噴出するような事態が頻発しているのであれば、現場のレビュー実施状況を見直してみてください。

　この病気では、レビュー技術上の問題もありますが、プロセス上の問題のほうが大きいと考えます。つまり、ほかの成果物の完成を

※3　山口友紀ら、"重大欠陥を効率よく検出するレビュー手法の提案と有効性の実験報告ー「レビューの「繰り返し」と「振り返り」が生み出す品質効果ー」、第28年度ソフトウェア品質管理研究会分科会報告書、2012

待つこと自体が大きな問題といえます。この点に関しては、「治療法」に挙げた手法などを参考にして、自組織で改善にトライしてみるといいでしょう。

補 足 　銀行には「再鑑」という用語があり、本来は「現金のやりとりで再チェックする行為」のことですが、金融系プロジェクトではごく普通に「再鑑」という名前でビッグバンレビューがおこなわれています。

02

メールレビューという名の
アリバイ作り　秋山

症 状 と 影 響

「この忙しい中、レビューなんてしたくないなあ」

　そんな思いから、「わざわざレビュー会を開くのではなく、メールレビューでいいですか？」と、効率化を装った提案がされます。しかし、レビュー対象である仕様書やプログラムコードをreviewersといった名前のメーリングリストに投げるだけで、レビュー期限がすぎてもまったく反応がない（あるいは、少数のいつもの人からのレビューしかない）ことが常態化します。

　メーリングリストのメンバーが「レビューしたうえでコメントがない」のか、「レビューそのものをしていない」のかは、だれにもわかりません。それが明らかになるのは、テスト時に問題が見つかったときです。なにも問題が出ないときは効率がよく見えても、レビューが十分にされないことが多いので、「こんな仕様にだれがした！」という問題が発生します。「だれがこんな仕様で了解したのか」と嘆いている本人がメーリングリストのメンバーであることもしばしばです。

原因・背景

　レビュー会を開くことは、以下の理由でそれほど容易ではありません。

■ いい指摘ができる優秀なレビューアーは少ないうえ、多忙で、会議を予定しても当日ドタキャンされることもよくある
→レビュー会議をウォークスルー、テクニカルレビュー、インスペクションなどの複数のタイプに分けて、それぞれに体制や頻度、参加者数などを決めて最適化する工夫は1970年代には始まっていますが、それでも先に述べた問題はいっこうになくなりません

■ 開発関係者が多人数となり、物理的に拠点が分かれるようになったために、会議を対面的に実施するのが困難になった
→テレビ会議やSkypeの活用も有効ですが、同じ時間にレビューする必要があります

　しかし、多くの組織でレビューは会社のルール（開発標準プロセス）として実施することが決まっているので、レビューをしないわけにはいきません。そこで、手軽にできる方法としてメールレビューがおこなわれるのです。あとで問題が見つかったとしても「あのとき、メールレビューしましたよね」とアリバイ作りに使える側面もあります。

治療法

　まずは、有能なレビューアーを集めた対面式の会議が困難であることを認めること、そしてそのような状況下でも彼らの知恵を集める施策を打つことが大切です。すると、取れる対策は「彼らの隙間

時間をレビューに充てることができる仕組みを構築する」しかないことがわかります。相手の仕事にリアルタイムで割り込む電話やテレビ会議ではなく、相手の都合でメッセージを確認できるメールはいい施策ですが、メールでは既読情報が得られません。また、メールは長文になりがちなため、ディスカッションも苦手です。

　そこで、レビュー対象物のステータスや、ちょっとした相談や議論のためのレビューアー間のメッセージ交換の仕組み（MessengerやSlackなど）を活用することが有効です。MessengerやSlackであれば、メールのように時候の挨拶や署名も不要であり、端的に意見を伝えることができます。また、レビューの素データとして、CIツールと連動したbotによって、インテグレーション結果などをMessengerやSlackへ投稿する仕組みもかんたんに作れます。これなら、忙しい知見者も隙間時間を活用してレビュー対象を読み、気がついた問題点を指摘できます。これらのITを活用した非同期のレビューのことを「モダンレビュー」と呼ぶことがあります。そして、「モダンレビュー」をサポートする専用ツールもあります。

予防法

　MessengerやSlackを使っても、同じ指摘を繰り返すことは苦痛です。だんだんあきらめの境地になり、指摘しなくなります。そこで、プロジェクト完了時にSlackなどに蓄積された知識を整理し、次のプロジェクト開始前に教育してチーム全体のスキルアップをおこなうことが予防となります。

異説　「今後はAIによるレビューが主流となる」という意見もあります。しかし、実現には良質な知識データの収集と構築が必要なため、ここ数年は実現が難しいと思います。

03

腐敗したテスト仕様書

都築

症状と影響

　開発時は時間をかけて要求を分析して「しっかりとした仕様書」が作られますが、リリース後、さまざまなお客様からの要望を取り入れるため、次々と機能追加を繰り返します。昨今は、派生開発という概念が広がったことにより、派生品の開発に用いる仕様書（外部仕様書・内部設計書など）の改善は進んできましたが、短納期で、経営層から「（ササっと作ってしまい）テストでバグを見つけることで品質を保て！」という指示が下りることもしばしばです。短納期のプレッシャーのなか、仕様の妥当性を確認するために必要なテスト仕様書を改善するための時間はさらに取りにくくなり、「腐敗したテスト仕様書」となっていき、不具合を見つけられなくなります。

　テストの現場では、考える時間が十分に取れないため、外部仕様書をコピー＆ペーストし、それに少しばかりの加筆をして、テスト仕様書の増量を図ります。しかし、外部仕様書をコピーしただけのテスト仕様書では、何をテストすべきか理解不能なので、相変わらず不具合は見つかりません。そうこうするうちに、工数や開発要員の追加などによって開発費は雪だるま式に膨れあがり、プロジェクトが終結したとき得られるはずの利益は一気に吹き飛んでしまいます。

原因・背景

　開発費が膨らみ人員が枯渇する状況で「だれでもいいから（単価が安い）人を集めて、人海戦術でテストすればなんとかなる」というマネージャーや経営層のテストについての理解不足が大きな原因となります。テスト技術向上への投資はおこなわれないので、仕様の妥当性を確認するために必要なテスト技術はレベルアップしません。

治療法

　対処療法となりますが、ベテランのテスターにテスト仕様書をチェックさせ、赤ペンでテストの意図がわからない部分をメモしてもらいます。テスト実施時には、赤入れがあったところを特に慎重にテストします。ベテランのテスターがいない場合は、プログラミングが終わって手が空いた開発者に「気になるところ」や「心配事」を同じように赤ペンでメモしてもらいます。

　公式のレビュー会を開くと多くの時間が取られるので、まず、開発者にテストの窮状を理解してもらい、協力を求めるのがいいでしょう。

予防法

　新規開発時から、マネージャーや開発者がテスト技術を理解し、経営層にレビューやテストの工数を確保する必要性を納得してもらえるよう働きかけることがカギになります。具体的には、前回の開発プロジェクトのレビューを開発とテストでともにおこなうといいでしょう。プロジェクトレビューの場で「テスト設計が不十分だと不具合を見落とす」ことを実例で説明します。

　そして、プロジェクトレビューのアウトプットとして「テストで確

認したいこと」を明文化します。たとえば、要求分析や仕様の意図は、UMLやUSDMといった表記法を使うと可視化しやすくなるので、開発ルールに取り入れるといいでしょう。次のプロジェクトでは、その成果を取り入れてテスト設計をおこないます。

　テストで確認したいことを明文化するのに手が回らないときは、テストを実行したときに感じたことや気になったことをメモし、開発者に質問して、開発者が不安なところを引き出しましょう。たとえば、以下のような内容です。

「処理の進捗を表示するプログレスバーの進行表示の元になる情報が不明だったので、プログレスバーのキャンセルボタンを押下するタイミングを狙えなかった」

　また、テスト技術を常日頃磨き、テスト仕様を抽象的に記述したり、テスト実施手順を事細かく記述できるようにして、「そのテストで何を狙っているか？」という意図が第三者に伝わるようにします。

補足　構成管理の問題によって、改版したテスト仕様が第三者からは「何も見直されていない状態」と誤認される場合があります。SubversionやGitなどのバージョン管理ツールと、RedmineなどのITS（課題管理システム）を連携させてテスト仕様書の履歴を把握し、要求分析や仕様の意図が記録できる仕組みを作るといいでしょう。

　また、テスト仕様書を見直す機会があっても、退職もしくは異動した先人の隠された意図が反映されておらず、テスト仕様書が腐敗していることがあります。テスト仕様書には、テスト設計の意図や考え方を最低限メモレベルででも残すようにしましょう。

04

絶対に見ないエビデンス

森

症 状 と 影 響

開発したプログラムやシステムが想定どおり動くことを示すため、以下のような証拠や検証結果（エビデンス）を残すように言われます。

- テストケースに従って実行したシステムの画面を、スクリーンショットとしてExcelにはりつけ、保存する
- 作業の結果、データベースの状態が変化するようなケースでは、「作業前」「作業後」といった形でデータベースの状態を置く
- 厳密なケースでは、プログラムの条件分岐やループごとにデバッガをいったん静止させ、画面と同様にExcelに保存する

しかし、それらが利用されることはおろか、見られることもほとんどありません。障害があれば、たまに原因究明に使われることもありますが、基本的には「一度取ったら放置される」運命にあります。開発者の立場からすると、担当した画面の動きなどは頭に入っています。何か障害があったとしても、バグ票を見ることはあってもいちいちエビデンスまで戻ることはありません。

エビデンスの取得は、余計な手間がかかるうえ、作業者のモチベー

ションを低下させます。最近ではさまざまなツールが出てきてはいるものの、予算のない現場では基本的に手作業で単純作業が繰り返されます。退屈で量ばかりたくさんある単純作業が延々と夜遅くまで続き、生産性に著しい悪影響を及ぼします。

原因・背景

　エビデンスは、「テストをおこなったかどうかをチェックする」ためにも用いられますが、おもな使い道は「障害発生時に原因を特定する」ことです。障害の原因となる欠陥を修正するためには、膨大なエビデンスから障害の起こった状況に近いエビデンスを探し出す必要があります。その際に、エビデンスがわかりやすい配置や構成になっていないと、探し出すことに時間がとられ、結果として役に立たないと見なされ、エビデンスを探すことをやめて、ほかの方法を探し始めます。Excelにただ画面のスクリーンショットが貼りつけてある状態で、いったいどうやって探せばいいのでしょうか。障害の原因特定には、スクリーンショット自体よりも、テストケース、テスト条件、テストデータなどの付帯情報のほうが重要です。

　また、発注者企業やプロジェクトマネージャーがエビデンスを見ることはほとんどありません。量が膨大であることに加え、受け入れ基準をチェックする立場の人が、対象とするシステムの画面の詳細を把握していることはまれだからです。

治療法

　まずは、以下のようにエビデンスを見やすい形に加工する、あるいは見やすいエビデンスのテンプレートを作ることです。

64　　第2章　レビュー・テストの病気

- このエビデンスのテストケース ID
- 関連するテストケース ID（繰り返しはじめ）
- テスト条件
- 画面への入力値
- データベースの前の状態
- テスト結果
- 結果画面のスクリーンショット
- データベースの後の状態（繰り返しおわり）

　シナリオテストなど画面遷移がいくつもある場合には、画面の変化ごとに繰り返し部分を作成します。画面遷移にも ID を振って、シナリオテストのどの部分かをわかりやすくしておきます。

　次に、テスト条件とのトレーサビリティを確保します。「この環境下で、この条件でテストしています」という状況がわかれば、テスト担当者でなくても障害の原因分析に役立ちます。入力項目への入力データ、その背後にあるデータベースに入力するテストデータがセットになっていることが前提になります。

　さらに、なんらかの処理をおこなう前後の画面の差異がわかりやすくなっていると、原因究明に非常に役立ちます。差異が色を変えるなどして目立つようになっていると、さらにいいでしょう。

予防法

　エビデンスの代わりになるものを作成すれば、それが予防法になります。たとえばテスト自動化の仕組みがあれば、以下のようなものです。

- テストスクリプト

絶対に見ないエビデンス　　**65**

- テストスクリプトの実行結果としてのログ
- 自動取得された画面ショット（手動のエビデンスと違って画面の差異が明確になっていることが多い）

　ただし、テストの自動化は手間がかかるので、テスト計画を策定するタイミングなど、できるだけ早い段階であらかじめテスト自動化の計画を仕込んでおく必要があります。

　また、発注企業との信頼関係を築いておくことも、長期的に見ると有効です。エビデンスや進捗報告の代わりに現実に動いているものを見せることは、一目瞭然であるだけでなく、顧客目線での細かな気づきを与えてくれ、最終的に製品の品質にいい影響を与えます。

異説　ソフトウェア開発におけるエビデンスの起源は、メインフレーム全盛時代の「TSLOG」と呼ばれるトランザクションの記録だといわれています。今一般的に言われている「画面の保存」というよりも、「コンピュータとの間でおこなわれたコマンドやデータの記録」という意味合いが濃かったようです。

　SI（システムインテグレーション）の発注・受注の文脈でいうと、「受注企業がしっかり仕事をした証拠としてのエビデンスは、外注管理としては必要悪である」ともいえます。納品物に瑕疵担保責任の発生する請負契約では、納品物の内容について品質を含めて証明する必要があります。その場合、エビデンスは法的に必要な納品物であり、病気とはいえません。単純作業はそのまま必要な作業となり、生産性を犠牲にしながらもじつは売上に貢献しているという面もあります。その是非は、ここでは置いておきましょう。

　一方、銀行などの金融系システムの開発では裁判沙汰になった場合に、十分なテストをしたことの証明としてエビデンスが求められることがあります。

05

重荷にしかならない
不具合管理　鈴木昭

症　状　と　影　響

　検出された不具合をバグレポートとしてまとめてから現象などを
確認して、品質を向上させようとするものの、以下の問題があり、
テスト担当者と開発者間のコミュニケーションに余計なコスト（工数
や労力など）を要します。

- 期待結果が記載されていないため、報告者が何を問題と考えているのかわからない
- 異常終了などの実行結果のみが報告され、再現手順が記載されていない
- 不具合が作り込まれた工程や検出された工程が空欄あるいは記載がない

　品質担当者がバグの傾向を分析しようとしても、分析できません。
結果として、不具合管理コストは大きくなるが、コストに見合った
効果がなくなってしまいます。

原因・背景

　バグレポートの読者が期待した内容と報告者が記載した内容にギャップがあるのが原因です。『Making Software ──エビデンスが変えるソフトウェア開発』（オライリージャパン）の24章「バグレポート収集の技芸」のなかでは、不具合報告で報告者が提供した情報と、開発者が役に立った情報に差異があることが示されています。報告者は、観察されたふるまい、期待されたふるまいをよく記載しますが、開発者が不具合の調査に役立ったものはスタックトレースであったり、テストケースであると示しています。また、筆者らの調査※では、問題のあるバグレポートを書いた人のうち、「バグレポートの読み手になる人にあったことがない・話したことがない（相手のスキルや経験がわからない）」といった回答が全体の14％ほどありました。これは、読み手の立場やスキルなどを意識せずにバグレポートを作成している人がいることを示しています。

　さらに、顧客への納品物となる設計ドキュメントなどと異なり、バグレポートはソフトウェア開発プロセス全体からみると中間成果物であり、納品対象とならないことがあります。そのため、リソース（時間や人など）を割り振る優先度が低くなり、バグレポートの記載内容がほかの人によって十分に検証されないまま、関係者に回覧されてしまいがちです。

治療法

　「どのような人がバグレポートを読むか？」を考慮してバグレポー

※　SQiP シンポジウム 2014「バグレポートの改善に向けた問題事例の調査とアンチパターン作成」
　　https://www.juse.jp/sqip/symposium/archive/2014/day2/files/happyou_C3-3.pdf

トを作成する必要があります。多くの場合、バグレポートを読む人は開発者、テスト担当者になると考えられますが、場合によってはそのほかの人、たとえば開発組織やテスト実施部門のマネジャーなどであることも考えられます。立場によって、求める情報は以下のように異なります。

◻ 開発者
→ どこに、どのような問題があるかがわかる情報

◻ テスト担当者
→ どのように修正したか、修正内容の動作確認をする方法

◻ 品質担当者
→ どの工程や機能にどのような不具合がどれくらいあったかなどの品質情報

◻ マネジャー
→ リリース可能な状況かどうか、深刻な不具合が残存していないといった品質状況がわかる情報

　バグレポートのワークフロー（バグ報告の内容を、だれが、どのように回覧しているか）やバグレポートからどのような作業や成果物を作成しているかを共有することで、求める情報が記載されていないバグレポートを作成してしまうリスクが減らせます。
　「読者はバグレポートの内容からどのような作業をおこなうのか？」を考えることも大事です。たとえば開発者は、テスト担当者からのバグレポートを見たのち、出力されたふるまいやメッセージ、実行時刻、該当するコードの記載場所、出力されたログなどから、

重荷にしかならない不具合管理　　**69**

入力されたデータがどのように処理されたのかを調べるでしょう。それを理解していれば、バグレポートには、入力したデータやその手順・操作を詳細に記載するのが有効になります。

バグレポートの読者は、報告の内容に不備があったり、内容が不適切な場合には、「何が悪いのか」「どのように記載すれば正しく伝わるのか」といったことをできるだけ早く記載者にフィードバックすることで、欲しい情報とのギャップを小さくしていくことが必要です。定例ミーティングなどを利用して、「自分たちにとっていいバグレポート」を共有したり、「どのような改善が必要か？」を議論することが必要です（「入力したテストデータを明確にする」「期待結果と実行結果のギャップを記載する」など）。

予 防 法

開発規模が小さい場合はメンバー間のコミュニケーションによって不足している項目の追加や不要項目の削除などは随時改善していけるかもしれませんが、開発規模が大きいとそれも難しくなります。そこで、バグレポートの内容チェックや改善に担当者を置くようにします。

また、チームのメンバーが「いいバグレポートがどのようなものかわからない」状態では、バグレポートの改善はできません。チームメンバーが作成したバグレポートをチーム全員で見て、いい点・悪い点を議論し、いい点をみんなで共有し、悪い点を改善するといいでしょう。たとえば、チーム内の定例ミーティングで進捗の確認とあわせて、検出したバグの内容や検出方法についてバグレポートを中心に共有する方法が考えられます。

さらに、いいバグレポートを作成するために以下のようなポイントをチームメンバー間で共有するのも有効です。

- 開発終盤で疲労困憊している開発者に読みやすい報告書を書く
- バグレポートのタイトルに、読み手が欲しい内容を盛り込む
- 「再現できる」「1レポートに1件の報告」「誹謗中傷がなく客観的な事実」などの明瞭さを意識する
- 関係者に普段からうまく接する（バグレポートの信用度につながるため）

　これらの知識は『ソフトウェアテスト293の鉄則』（日経BP社）、『Bug Advocacy』（Context-Driven Press）といった書籍に記されていますが、このような書籍をチームで輪読することで、チーム内でより実践的にバグレポートを利用した不具合管理をおこなうことができます。

補　足　不具合管理の重要性は、JSTQBのシラバスやSQuBOK、2015年9月に邦訳が出版された『TPI NEXT』（株式会社トリフォリオ）など、多くの文献で説明されています。そうしたことから、ソフトウェア開発組織においては、BTS（Bug Tracking System）やExcelファイルなどバグ情報を、決められたフォーマットに従った文書にして不具合管理をおこなうことが開発標準（ルール）として決められていることが一般的ですが、フォーマットを決めてもうまく利用できない場合があります。これは、規格（ISO/IEC/IEEE 29119など）で記載されている項目やBTSに初期設定されている項目を議論が十分でないのに取り入れてしまうことや、そもそも不具合管理の意義そのものが理解されていないことが一因です。

　「特に指導しなくても、ソフトウェア開発者であればだれでも問題のないバグレポートが作成できる」と安易に考えていないでしょうか。前述の筆者らの調査では、ソフトウェア開発上問題となるバグレポートの52％が、2年以上経験を積んでいるエンジニアが作成したものでした。組織的な教育は不可欠です。

06

テストケース肥大病

鈴木昭

症 状 と 影 響

「テストケースが多いほど、テスト対象の品質を確保できる」

そんな考えから、とにかく多くのテストケースを作成します。単純に数が多すぎるだけならまだしも、いったい何のためにあるのかわからないテストケースまでも紛れ込みます。

また、派生開発（既存システムに対する改修など）時など、テストに与えられたリソース（工数や人など）が厳しいときは、テストケースを削減しようとしても、多数あるテストケースのどれを省けるかが判定できず、結局すべてのテストケースを実施するしかなくなってしまうか、経験者の勘など客観的でない手段に賭けて判断することになってしまいます。

結果として、単に作業量が増えるだけにとどまらず、何のために実施するのかよくわからないテストを実施することにより、多くの関係者のモチベーションは下がり、品質悪化のリスクを生んでしまいます。コストも無駄に増大します。

原因・背景

　これには、いくつかの原因が考えられます。

　1つめは、設計ドキュメントの裏返しとして、テストで発生しうる値や状態などのすべての組み合わせからテストケースを作成してしまうためです。機械的に設計ドキュメントからすべてのパラメーターの組み合わせを網羅するようなテストケース作成した結果、膨大なテストケースが作成されてしまいます。

　2つめは、メトリクス偏重になってしまうためです。開発対象をよく理解していない品質担当者やマネジャーが、「テストケース密度（ステップ数あたりのテストケースの割合、テストケース数など）」というメトリクスのみに着目した結果、「組織ルールで決められた指標に達していないので、とにかく追加しろ」と言われ、目的や意味を考えずに言われるままに追加することで、意味のわからないテストケースが増えてしまいます。

　3つめは、テスト工程だけで欠陥を検出しようとするためです。プロジェクトにおいて、「テストは最後の砦」と言われますが、すべての欠陥をテスト工程だけで検出しようと考えるのは正しくありません。欠陥は作りこまれてからの時間が短い間に検出するほうが、開発工程全体での対策コストを低くできるためです。設計工程であれば設計レビューで、コーディングであればコードレビューで欠陥を検出できるほうが、テストで検出するよりもコストを小さくできます。「欠陥はソフトウェアライフサイクル全体を通して検出する」という意識が低いと、テストケースが多くなってしまうのです。

　4つめは、別の担当者がテストする場合、既存のテストケースと自分の作業との関連をくわしく調査せずにテストケースを追加してしまうためです。新規開発時だけでなく、リリース後、運用フェーズになっても派生開発や不具合対応でテストが実行されますが、そ

のときに前の開発作業で実施されたテストケースと自分の作業との影響を深く調査・検討しない（できない）場合は、意図が不明なテストケースが積みあがってしまいます。

治療法

「そのテストを今回実行しないと、だれが、どういったことで困りますか？」

　そう開発者・開発マネジャーなどに問いかけてみましょう。以下のようなさまざまな観点でテストをおこなうにあたり、その根拠を説明してもらうのです。

- 顧客の要求の緊急度、影響度
- 顧客の業務フローとシステム出力結果の整合性
- システムが意図どおり動作しなかった場合の影響
- 調査のしやすさ
- ほかのオペレーションから目的の操作をおこなえること（代替操作）

　そして、その内容を設計文書やテスト仕様書に盛り込んでもらってください。わからない場合、または明確に回答できない場合には、根拠を調査してもらいます。回答内容を聞いて、

「このテストケースとこのテストケースは統合できるのではないでしょうか？」
「このテストケースはこちらで確認できるなら、不要ではないでしょうか？」

といったことを議論することで、テストケースとテスト対象の対応がわかりやすくなれば、「影響範囲がよくわからないから、とりあえずひととおりテストしよう」という発想になりにくくなります。

予 防 法

「いいテストケースとはどういうものか？」ということへの関係者間での共通の理解が必要です。「いいテストケース」としては以下の条件が挙げられます。

- テスト時に処理内容や処理順番、出力結果が検証しやすい
- テストケースの実行時、テストデータとして使用するパラメーターの根拠が明確である
- どのようなバグを検出したいテストケースであるかが明確である

　無駄なくテストを実施するために、プロダクトの設計、実装時にテストしやすさ（テスタビリティ）を意識し、無駄なあるいは非効率なテストをレビューなどで指摘します。たとえば、「機能や処理のロジックをシンプルにし、判定や分岐を安易に増やさないようにする」といったことです。

　テストケース数やテストケース内容が妥当であるかを分析するプロセスや、判断できるメンバーの育成も必要になります。そのために、テストケース密度や、それを利用したゾーン分析で検討することが有効です。ゾーン分析は、たとえば2軸の指標から平面にプロットした後、それぞれの妥当な値の範囲を決め、いくつかのエリアに分けて分析する方法です（『定量的品質予測のススメ』（オーム社）も参照）。たとえば、テストケース密度とバグ密度から、テストケース密度とバグ密度を機能ごとに平面上にプロットして利用します。客観

テストケース肥大病　　**7 5**

的に妥当であることを確認できるようになれば、多すぎるテストケースに悩まされることは少なくなるでしょう。

以下は、ゾーン分析の例です。テスト密度と欠陥密度の2つの指標を軸として、それぞれの上限・下限から9つのゾーンに分割し、テストケースをマッピングしています。

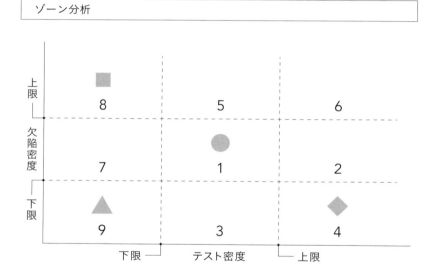

この図から、たとえば以下のように分析できます。

- ①のゾーンでは、妥当と判断できる
- ⑨のゾーンでは、テスト密度・欠陥密度ともに低いことから、テスト不足が懸念される
- ⑧のゾーンでは、テスト密度が低いにもかかわらず欠陥密度が上限を超えていることから、プログラムの品質が低く、多くのバグ

が検出しきれていないことが懸念される

- ④のゾーンでは、テスト密度は上限を超えているにもかかわらず欠陥密度が低いことから、テストケースの品質が低い（たとえば、バグを狙ったテストケースでない）ことが懸念される

補足 メトリクス（テストケース数、テストケース密度など）を否定しているわけではありません。メトリクスは、テストが妥当であるかを判定するための大きな根拠の1つで、テスト対象やシステム開発時の状況や結果、テストの内容など、質的なデータを含めて「テストケース数が妥当であるか否か」を考える必要があります。

設計ドキュメント中の記述を抽出し、語尾など一部を修正してテストケースを作成する方法を、一部ではCPM法（Copy & Paste & Modifyの頭文字）ということがあります。この方法でテストケースを作成するテスト担当者もいますが、筆者は以下の2点の意味でおすすめできません。

- 設計ドキュメントに記載されていない内容はテストされない（テストが漏れる）
- テスト担当者の大きな責任の1つは、設計レビューのレビューアー全員が見落としている欠陥を指摘することであると考えている

3 章

保守・運用の病気

01

困りごとが解決されない
ヘルプデスク　　秋山

症 状 と 影 響

「もしもし。交通費精算の画面で、昨日まで表示していた上長欄が
空白になってしまっていて、そのまま申請しようとすると『一次承認
者の設定がありません。設定をご確認ください。』と表示されて、先
に進めないのですが」

「はい。この現象は、本日適用されたバージョンアップで二次承認
者まで設定できるように仕様変更した結果です。誠にお手数ではご
ざいますが、一次承認者と二次承認者をあらためて設定いただく必
要がございます」

「これまでの上長設定は引き継がれないのですか？」

「はい。システム側といたしましては、これまで上長に設定されてい
た方が一次承認者になるのか二次承認者になるのかはわかりません
から」

「そ、そうですか……（めんどくさいな）。承認者の設定は、どこでお
こなうのですか？」

「まずは、ログイン直後のホームページに戻ってください」

「ええと、申請中なのですが、この交通費精算画面で入力済みの内
容はどうなりますか？」

「キャンセルとなりますので、改めてご入力いただくことになります」
「えー、なんとかなりませんか？」（かんたんに言わないでよ、これまで
の入力に何分かかったと思っているんだ！）

　問い合わせをしたエンドユーザーは、不満を持ちつつ、教えられ
たとおり承認者の設定からやりなおし、自分の交通費精算が終わっ
たら忘れてしまいます。
　一方、ヘルプデスクはマニュアルどおりに対応できたわけですか
ら、この問題がシステム開発側に報告されることはありません。

原 因 ・ 背 景

　電話での問い合わせに早く回答するためには、事前に質問を想定
して模範回答を作っておくことが基本的な施策です。ところが、マ
ニュアルはどんどん陳腐化していきます。今はDevOpsの概念が登
場して「ビジネス価値を最大化するために開発（Development）と運用
（Operations）が協力する」ことがあたりまえになりつつありますが、
そうでない組織で、かつ組織間に壁がある場合には、コールセンター
が適切な情報をもたない状況となりがちです。そのような状況下で
作成した"問い合わせ対応マニュアル"には、お客様のお困りごとに
マッチしない想定問答リストしかないこともよくあります。
　ソフトウェアのバージョンアップ以外に、「世の中のほうが変化
していた」というやっかいな状況も起こります。たとえば、当初
1000人以下の利用を想定した社内システムが、従業員の増加にとも
ない1万人に使われるようになったなどです。

治療法

　マニュアルの陳腐化を防ぐためには、「今現在発生している変化を捉える」ことが大切です。そのためには、世の中が変わったかどうか、言い換えると「テスト時に保証した前提条件（上述の例では「利用人数1000以下」）を満たしているか」を常時確認する必要があります。

　こちらは、ソフトウェアにモニタリングの機能（この例では利用人数のモニタリングをおこなう機能）を追加する必要があるので、開発部門の協力が必要となります。これまでも、エラーログを残し、それをヘルプデスクが確認することはあったと思いますが、その仕組みにエラーだけではなく、正常稼働状態のモニタリング情報を加えて分析します。

　情報は、可能であればネットワーク経由で収集し、随時分析するのが理想です。情報漏えいなどの懸念からそれが難しいようであれば、保守点検（メンテナンス）時にモニタリングした情報を取得し、解析することで変化（＝前提条件が変わってきていること）を知り、それをヘルプデスクと共有するという方法もあります。

予防法

　治療法で述べたモニタリングをおこなって変化を捉えることは重要ですが、それだけでは後追いになります。本質的な対策は、世の中の変化を先取りすることです。

　そのために、QAW（Quality Attribute Workshop）という手法を使うと効果的です。QAWは、そのソフトウェアに対して、将来にわたり、どのような品質特性（性能や使い勝手など）が求められるかについて、関連部門（マーケティング、営業、評価、運用部門など）のキーマンを

集め、ワークショップを開いて、関係者で予測・合意するものです。漠然と"未来のあるべき姿"と言われてもなかなか議論はしにくいですが、QAWではQA＝Quality Attribute＝品質特性のそれぞれについて話し合い、「未来の信頼性」とブレイクダウンしたネタで討議することで、意見が出やすい側面があります。そして、QAは網羅的に定義されているもの（ISO 25000シリーズなど）があるので、議論の抜け漏れも少なくなります。QAWでは、実践するための標準的な時間や手順が決められていることもメリットです。

　QAWの結果をもとにして、変化に強いアーキテクチャを決めて、アーキテクチャのトレードオフおよび費用対効果分析をおこないます。手法としては、次のようなものが有名です。

- ◱ ADD（Architecture Driven Development）
- ◱ ATAM（Architecture Trade-off Analysis Method）
- ◱ CBAM（Cost Benefit Analysis Method）

　これら予防施策の効果が現れて、問い合わせ件数が減ってきても、オペレーターの人数を減らすのではなく、コールセンターの応答のありかたや、コールセンターのオペレーターの評価軸の見直しをおこない、よりよいサービスにつなげるといいでしょう。

補足　変化を取り組む開発プロセスのことを「アウターループ」と呼ぶことがあります。このとき、従来の開発プロセスを「インナーループ」と呼びます。

困りごとが解決されないヘルプデスク　**8 3**

02

マニュアルどおりにしか動けない運用者 司馬

症 状 と 影 響

「この帳票の集計区分を変えられませんか？」などのかんたんな要望に対し、いつも「無理です」と回答する、ベンダーから来ているシステム運用担当者。たしかに、プログラムや仕様の変更で修正費用がかかりますし、「営業を通して依頼してほしい」ということを簡潔に返しているだけかもしれませんが、融通がきかない対応です。

システムのオペレーションの仕方、ドキュメントのあいまいな個所についての問い合わせにも、「文書で依頼してください」「窓口を通してください」。たまに「検討します」「善処します」との前向きなアクションが返ってくることもありますが、嫌気がさしたユーザーは新ベンダーへの変更[1]を検討することになります。ユーザーにとっても、新しいベンダーや担当者と一から関係を築かなくてはならず、大変面倒です。

---

[1] システム更改で他社に乗り換える場合、「既存ベンダーの対応が悪い」という理由が多い。

原因・背景

　システム運用者の技術的なスキル、そしてコミュニケーション能力などのソフトスキルの不足が最大の要因です。PCトラブルについて、ベンダーのシステム運用エンジニアに問い合わせをしたところ、「コマンドラインインターフェース※2がわからなかった」という、あまり笑えない話もあります。

　ただ、そのスキル不足を招いた原因、またスキル不足のエンジニアをシステム運用者として作業させることになった原因は、ベンダーや業界の慣習に原因があります。システム運用技術者は、開発を担うエンジニアとは別に、オペレーターやテスターなどの打鍵作業がメインのエンジニアから流れていくケースが多く見られます。システムの運用は、正確さと注意深さが要求される作業ですが、逆に、システム開発における創意工夫や問題解決とは縁遠い職種になります。加えて、ベンダー独自の問題としても、「稼げる一線級のエンジニアを運用に回すのは無駄」という打算があります。「ハイリスク・ハイリターンなシステム開発のほうに優秀な人材を回し、利益をあげよう」と思うのは、当然のことといえます。

　10年くらい前からシステム運用で使われているSLA（サービスレベルアグリーメント）の影響もあります。SLAは、サービスを提供するベンダーがユーザーに対し、どこまでそのサービスを保証するかの合意事項のことですが、それを実現できなかった場合、契約違反となることがあります。そのため、ベンダーの姿勢としては、失点をなくす守りの運用サービスに徹してしまうことが多いといえます。システム運用者も「不要な仕事や変更、要求にはなるべく対応した

※2　昔でいうDOSプロンプト。コマンドラインで "dir" などのコマンドを実行すること。

くない」と考えます。

　システム運用技術者が多く在籍している団体で実施しているトラブル分析の事例で、システム運用トラブルのヒヤリハットをなぜなぜ分析すると、

「マニュアルにない作業をおこなったため」
「マニュアルにない作業をやってしまう組織文化」
「作業が属人化しているため」

という原因分析がなされることが多いですが、その防止策としてマニュアルへの追記とマニュアルの徹底化が推奨されます。つまり、ヒヤリハットの防止のために、マニュアルに載っていないことの作業が禁止され、マニュアルに書かれていない作業ができない運用者が発生し、マニュアル自体の増加による検索時間の長大化につながっていくのです[3]。

治療法

　一番の解決手段は、開発を実施したSEやプログラマがシステムの維持・運用を担当することです。動いているシステムを熟知し、「なぜこのような機能を実装したか」「どのような仕組みで動いているか」「どこに影響を与えるか」などを、すべてとはいわないまでも、そこそこ知っているのが開発者だからです。当然、要件定義も経験し、ユーザーのやりたいことや残課題も肌感覚として理解しています。次善の策として、開発は担当してはいないが、類似のシステムを開

※3　電子レンジのマニュアルに「猫を入れないこと」と書かれているのが代表例。

発しているエンジニアも、柔軟な対応が可能です。

　ただし、この治療方法は、ユーザーには喜ばれますが、肝心のSEには不評です。向上心のあるSEは、常に新しい仕事、新しい技術にタッチしたいため、開発が終わったシステムの維持・管理などに従事することを嫌がります。また、そのSEが所属する会社や組織も、優秀なSEは常に厳しい戦場（修羅場のシステム開発プロジェクト）に送り、なるべくモトをとれるようにしたいと考えています。

　「ユーザーの要望などについては、システム運用担当者をスルーして、営業に直接パスを通す」という案もあります。「システム運用者には日々のシステム運用オペレーションに集中してもらい、コミュニケーションは営業のみがとる」という、コミュニケーションのショートカットです。要望や質問は、営業経由でシステム運用担当者へのアクションにつなげます。

予 防 法

　「システム運用者が対応することが少なくなるようなシステムを導入する」という方法があります。問い合わせ、変更、イレギュラーなオペレーションなどが発生することが少ないシステムであれば、システム運用担当者とのコミュニケーションが格段に削減され、結果、マニュアルどおりにしか動けない担当者に対するストレスが軽減されることになります。

　そのための一策として、システムをスクラッチで作成するのではなく、「業務パッケージを活用」したり、「オンプレではなくクラウドを利用」する方法があります[4]。

※4　最近は「クラウドファースト」（まずクラウドで構築できないかを検討）が主流。

パッケージやクラウドだと、システム運用者が直接システムに関わるのではなく、パッケージベンダーやクラウド事業者が対応することが多くなります。また、パッケージの仕様やクラウドの使用条件などが明確に決められており、ユーザーや開発者はそのルールに従わざるをえません。

当然のことながら、システム運用担当者をじっくりと時間をかけてスキルアップさせていくことは、予防につながります。テクニカルスキル、ヒューマンスキルの両面からスキルアップを図ることで、マニュアル以外の対応もできる運用者になることが可能です。

なお、「マニュアル自体を融通の利かしたものにする」という解決案も考えられますが、最終的には「かなり詳細化されたヘビーウェイトなマニュアル」もしくは「あいまいすぎるペラペラなマニュアル」のどちらかに進んでしまうことになります。

補足 開発担当者と運用担当者のスキルギャップについて、近年「DevOps」という考え方が現れています。開発（Development）と運用（Operations）を組み合わせた用語ですが、まだ開発方法論の1つとして、自動化・共有などを支援するツールの提供に留まっているのが現状です。あくまでも開発側（Developer）からのアプローチが多く、運用側（Operator）のメリットはあまり見られないようです（本章の「なんちゃってDevOps症候群」も参照）。

最近では、開発と運用とビジネス部門を統合する「BizDevOps」という手法が提言されていますが、これも現段階では机上の理論に留まっています。目的が異なる部門の作業をコラボレーションするのは非常に難しく、解決はIT業界にとどまらず永年の課題といえます。

03

「運用でカバー」依存症

司馬

症 状 と 影 響

新規システムの開発が終了して、テストの後半、設計に漏れがあったことが発覚、もう修正するには時間がない――そんな場合、「しかたがない、運用でカバーしましょう」という言葉で、ユーザーもベンダーも合意する。

既存システムを新しい技術でリプレースするにあたり、新しい開発言語やパッケージの制約で、画面のインターフェースや帳票が今までのものと異なってしまう――そんなときに、情報システム部がユーザーに「運用でカバーします」という言葉で合意をとる。

このように異なる立場の部門の合意をとる魔法の言葉として「運用でカバー」がよく使われます。しかし、魔法の呪文は、深夜0時になると解け始めます。サービスが開始され、実際に運用が始まると、カバーすべき運用部門が悲鳴を上げ始めます。運用が当初想定していなかったものの、「運用でカバー」しなくてはいけない作業が増加します。設計や背景を理解していないと対応できないような特殊なオペレーションを理解できるスキルを持った運用要員の確保が必要となります。単純オペレーション以外の作業負荷が重くなっていき、

ついヒヤリハット的なオペレーションミスを引き起こすトリガーと
なります。

原因・背景

　「運用でカバー」が多数発生する原因として、システムのライフサ
イクルの最後に位置するのが運用であることが挙げられます。要件
定義や設計でのミスを、手戻って対処するのではなく、運用作業で
リカバリーすることになってしまうのです。

　設計漏れなどの瑕疵で発生する場合だけでなく、要件の検討の段
階で機能とコストが折り合わず、「運用で対処」という結論に落ち着
き、「仕様から落としていく」ことがままあります。ユーザーとして
は「システム化したい業務だが、システム化の予算はない、そのため
“人間システム”として運用で対処する」という方程式が成立してい
きます。

　「運用システムでカバー」ではなく、「運用でカバー」という言葉に
も、問題の要因が潜んでいます。「運用システムでカバー」の場合、
対処するシステムを構築する手間は必要なものの、その後は自動化
することが前提になります。一方で、「運用でカバー」はあくまでも
マンパワーを想定しています。武田信玄が「人は城、人は石垣、人
は堀」と語ったように、「コンピュータとは異なり、人であれば何で
もできる」という意識があります。その意識が、「運用でカバー」つ
まり運用をしているメンバーがなんとかしてくれます、という発想
を呼び込むことになります。

　最悪なことに、システムの品質が悪く、しかたがないので「運用で
カバー」するという事象が発生することもあります。ずさんな開発計
画（スケジュールやスコープ管理など）が原因といえますが、開発スケ
ジュール自体が短期であり、設計に時間をかけられない場合などに

発生することが多いといえます。

　そもそも、「運用でカバー」という病気は日本独自のものであり、米国などではあまり発生していません。日本以外では、開発は開発、運用は運用の専門会社が担当し、開発での妥協点を「運用でカバー」という形で持ち越せないからです。もし運用で対処しなくてはいかない場合は、運用担当者と契約前に作業内容を明確にすることが求められますし、開発としても「運用でカバー」＝「開発の対象外にします」を意味します。

治療法

　要件漏れや設計のずさんさによって「運用でカバー」が発生するならば、場合によっては、次の開発で機能に盛り込むことで対応できます。運用でカバーしている作業を、少しずつシステム化することにより、運用でカバーする範囲を削減する方法です。

　難しいのは、「単純な運用作業のシステム化は楽だが、人間の判断が関係している」場合です。「ケースバイケース」が多いためです。そのような場合には、判断をすべて洗い出して、マトリクス表などを使用して整理するのも手といえます。

予防法

　「運用でカバー」という言葉が発生する場は、「開発で対処できないことを、運用側で対処する」など、おもに役割が異なる複数の立場の人が参加する会議や打ち合わせです。逆にいうと、きちんと開発から運用への引き継ぎ、作業内容を文書に落として明確化することなどを徹底すれば、ある程度被害を抑えることが可能です。

　「運用システムで対処する」のようにシフトしていくことがベター

です。運用システムにカバーする内容を盛り込むというのは、すなわち運用設計をしっかりすることです。運用の作業を明確化して、それに見合った予算や人員をしっかり確保すれば、「運用システムで対処する」ことは可能となります。運用設計で決める項目については、運用担当者が日々のオペレーションのなかで、いつ、何を確認し、どのようなオペレーションをして、結果どのような報告を上げるかを明確に決める必要があります。

運用設計で決める項目（抜粋）		◎：特に重要なもの
	運用の目的	「何のために運用をするのか？」を定義
◎	業務の範囲 （確認するシステムの範囲）	この境界で病気が発生。対象業務の境界を明確にすることが大事
◎	オペレーションの範囲 （運用者が関係するオペレーションの範囲）	やるオペレーションだけでなく、やらないオペレーションも明確にする
◎	オペレーションの手順 （運用者の作業の詳細）	手順は属人性を排除し、客観的に評価するためにも必要。あいまいな記述は絶対にしないことが大事
	連絡体制	通常の連絡先、何かあったときの連絡先
	定例報告	月次の報告タイミング、報告様式など

「運用でカバー」の起因となっている要件や設計の漏れなどをなくすことも大事です。細やかな設計レビューなどで、瑕疵を減らすことが必要です。

補足　「運用でカバー」は、問題の解決を運用フェーズまで先延ばしする、ウルトラCの手法ともいえます。あるIT専門誌での分析では、"優秀"と呼ばれているプロマネのほとんどが「運用でカバー」を有効活用していたという結果が出ています。開発で解決できない問題を後工程で対処することによってプロジェクトを成功に導くのは、プロマネの裏技といえるかもしれません。開発の立場からは、開発を進めるうえで非常にありがたい、魔法の良薬といえます。

　また、ガチガチに機能を作りこむよりは、ある程度ゆるやかに作っておき、運用レベルで対応できるようにしたほうが、機能の変更・追加の発生を抑え込みやすくなります。すべてシステムで対応する場合、何かあった場合に個々に変更しないといけないため、修正数やコストに影響を与えることが多いです。さらに、細かい作りこみをすると、バグも混入する可能性が高くなるため、ある程度の「運用でカバー」は許容されるべき開発のバッファといえます。

04

なんちゃって DevOps症候群 / 司馬

症 状 と 影 響

開発と運用を統合するDevOpsという考え方がありますが、DevOpsを導入する行為がもたらすのが「なんちゃってDevOps」という病気です。多くの症状がありますが、代表的なのは以下です。

- A型＝組織一体型（開発と運用の組織を1つにまとめただけ）
- A型改＝開発運用エンジニア型／個人集中型（組織ではなく、開発者が運用者も兼ねる形式。エンジニアは非常に忙しく、別の病気を併発することが多い）
- B型＝ツール利用限定型（DevOpsツールを利用するだけ）

A型（組織一体型）

営業と開発、運用などの部署を1社でもっている、大手のSIer（システムインテグレーター）やインターネットのサービスを提供している会社などで発生します。自社でシステムを開発し、それを運用する形態の企業で、「開発と運用を一体化して、ユーザーにベストなサービスを提供する」というキャッチフレーズで組織化されます。そして、数年後、いや短い場合は2年後には、「開発と運用を統合

した効果が上がったため、元に戻す」と宣言し、その組織は、開発と運用に戻ります。そう、決して「失敗」とか「意味がなかったから」という理由はつけないのが特徴です。

A型改（開発運用エンジニア型／個人集中型）

　小規模な会社や情報システム部門に要員が少ないユーザー企業でよく発生します。DevOpsという名称を使っていますが、単に開発するエンジニアに運用を押し付けるだけです。そもそも、運用担当者などをアサインできないため、このような状況を引き起こすことが多いといえます。

B型（ツール利用限定型）

　DevOpsの知名度が上がるにつれて、徐々に蔓延してきた症状です。構成管理ツールやCI（継続的インテグレーション）ツールなどを導入し、それをもって「DevOpsを達成した」と言い切っている場合です。

　A型の症状は、DevOpsという名称に対して実態が伴っていないだけで、被害はあまり大きくありません。しかし、A型改（個人集中型）は、開発を担当するエンジニアへの負荷が非常に高まり、心身への悪影響を及ぼすこともありえます。さらに、A型改は、もしそのエンジニアが退職した場合、担当しているシステムを理解しているエンジニアが不在となり、ユーザーとの関係にも影響を与えることになります。

　B型については、ツールや方法論を導入したがそれらが有効活用されず、逆に開発や運用の手間を増やすことになります。

なんちゃってDevOps症候群　　**9 5**

原因・背景

それぞれの型に応じて整理します。

A型

「とりあえず開発と運用を合体させてみよう」という安易な考えから発生します。開発から運用への引き継ぎなどの時間を重大なタイムロスと考えて、その時間を短縮・削減するための仕組みの1つという考えです。

実際、開発したソフトやシステムは、それを引き継ぐときに「運用引き継ぎ会議」相当の手続きが必要であり、設計書、マニュアル、システム保守関連ドキュメントなど一式を作成し、開発から運用へ正式に渡さなくてはなりません。これは、案外大変な作業です。その大変な作業がなくなるのはメリットだと考えるのはまちがいではありません。しかし、そのような手続きを経ることによって、「各種のドキュメント類が開発と運用の2者の視点でチェックされる」という実態があります。この手続きがオミットされることによって、必要なドキュメント類が作成されなくなる（作成されていないことに気づかない）問題が発生することもあります。

A型改

A型改は、そもそもシステム開発・運用に関連する要員が少ないことが原因で発生します。そのような小規模な会社では、開発と運用を兼務させていることが通例です。

ほかの原因として、エンジニア自身による「仕事の抱え込み」があります。「この仕事はオレの仕事だ」という思い込みにより、自分の開発したシステムを自分で保守・運用する。ユーザーも、特定の人が窓口だと連絡や依頼もしやすいので、文句を言うことはありませ

ん。そして、必要なドキュメントやマニュアルが作成されずに、開発・運用の一体化ではなく「属人化」につながっていきます。このような属人化は、「なんちゃって DevOps 症候群」よりも酷い病気で、老年化したエンジニアが自分の仕事を守るため無意識のうちにおこなうことが多いです。それについては、次項「高齢化するばかりの運用現場」を参照してください。

B 型

　B 型は、「DevOps をやりたいのだけれど、何から始めたらいいかわからない」という状況で、ツールなどを導入しただけでそれ以上何もしないと発生します。ネットなどを見ると、DevOps だけでなく「AI」「自動化」などの言葉が躍っており、「対応しないと、時代に取り残される」とも言われます。そこで懇意にしているベンダーに相談したり、展示会に足を運んでみると、「このパッケージを導入すればDevOps は完璧」というツールが紹介されています。勧められるままに導入しますが、ツールを導入しても、そのツールに合わせて仕事のやり方や手続きを変えなければ効果はあがりません。逆に、作業時間が増えるだけの場合もあります。そして、ツールはだんだん使われなくなり、DevOps の残骸として、サーバーの片隅に常駐することになります。

治 療 法

　「なんちゃって DevOps 症候群を治療するには、アジャイル的な文化を導入すればいい」という意見もありますが、まさにそれこそ「なんちゃってアジャイル症候群」で記載したエバンジェリストが語る予言であり、「なんちゃって DevOps ＆ アジャイル」という複合病を併発する可能性があるため、おすすめできません。

A型

　この場合、名称だけのこともあり、実質的な悪影響がなければ、現場でスルーすればいいだけです。

　ただし、「真にDevOpsを実践したい」という場合には、開発組織と運用組織の統合を図らねばならず、治療に時間がかかります。一案としては、以下が挙げられます。

- 個々人のスキル（開発者は運用のベーシックな知識、運用者は開発の知識）の向上を図る
- 並行して、開発と運用のプロセスの改善・省力化をおこなう
- そのうえで、DevOpsを円滑に廻すための環境・ツールの導入を図る

　また、ツールは導入するだけでは意味がないので、適切に使うためのトレーニングも必要です。

A型改

　A型改（個人集中型）の場合は、1人のエンジニアが2人分かつ2種類の仕事をこなすことになるため、以下のような対処が必要です。

- 開発と運用の作業の分離（反DevOps）
- 開発・運用それぞれの作業の軽減

B型

　B型については、「導入されたツールなどを使わない」という選択をすれば、導入コスト面以外は実害は少ないといえます。また、それとは逆に、ツールをしっかり利用するためのトレーニングの実施、プロセスの改善などをおこなうことでも対処可能です。

予 防 法

　この病気は、DevOpsとは何かを理解していないことから発生するため、本来はDevOpsに対する正しい理解が必要です。しかし、DevOpsという言葉自体があいまいなものであり、「5人にたずねると7通りの定義が返ってくる」（『日経コンピュータ』2016年11月10日号より、原文ママ）と言われています。そこで、「開発と運用の対立はなぜ発生するのか」の理解や、「なぜ連携が必要なのか」を関係者で共有し、そのための施策や手段を考えることが必要です。

　本章の「マニュアルどおりにしか動けない運用者」にも記載しましたが、異なる部署間での連携は非常に難しく、解決案としては「対等の連携ではなく、上下をつける」という方法が有効です。そのため、以下のような方法が考えられます。

- 開発を上にして、運用部門を管理・コントロールさせる
- 運用部門を上にして、開発は運用サイクルの一環という位置づけにする

　A型改の場合、要員不足が原因であれば、開発・運用要員の増加を検討します。担当しているシステムが多すぎる場合には、新規のシステム構築を中止したり、使われていないシステムを廃棄することも一策です。

　また、一歩まちがえるとB型になりますが、開発を補助したり、運用をサポートするツールを導入することも、要員不足に起因するA型改（個人集中型）には有効といえます。属人化の予防は、必要なドキュメントやマニュアル類を確実に作成することで対処可能です。

補 足　営業と開発、開発とコンサル、開発とスタッフなど、対立する組織は多々あります。開発と運用の対立は、営業と開発の対立ほど深刻ではありませんが、いろいろな企業で発生しており、IT業界で長年続く課題です。そのような組織を運営する場合には、対立していることを「前提」に管理／コントロールをしなければなりません。意思決定の遅れや、会議での意識齟齬は確実に発生します。それらに対する処方は、別の病気の話とします。

05

高齢化するばかりの運用現場　司馬

症 状 と 影 響

　システム運用の現場に50代を超える高齢化人材しかおらず、自分たちが熟知している現行のシステムを変更しないような空気が蔓延しています。現場の人員も少なく、機能追加や新技術導入を相談しても、「これ以上は、作業負荷が高くなり、コスト増加につながる」などの要望（苦情）が上がってきます。近年導入が進んでいるRPAなどに対しても、「覚えるのが難しい」というクレームや「ロボットに仕事を奪われるのではないか」という相談が寄せられることもあります。

　システム運用部門に異動した若手社員が、そのシステム運用の作業マニュアルを確認しても、古株社員に「ああ、そのマニュアルは使えないから、作業は見て覚えてね」と、一世代前の職人のようなことを言われてしまいます。それでも、若手社員に少しずつ引き継がせようとしても、保守・運用対象は古い基幹システムであり、最新の技術は使えないことが多く、若手は喜ばず、異動や転職を考えるようになります。

原因・背景

　高齢化人材が大半を占めるシステム部になってしまうのは、組織の人材ローテーションが循環していないことが大きな要因といえます。一般的に、システムを構築し、そのシステムを理解している担当者を配置するのは最初だけで、だんだん人員を削減し、最後に1人しか残っていないという事態が、このような高年齢層中心の組織という結果を招きます。適切にメンバーを入れ替えれば、このような事態を引き起こさないですみました。

　システム運用の作業自体にも、人材の流動が進まない要素が潜んでいます。たとえば、操作マニュアルやドキュメントなどに書かれている手順で「実際には」作業していない手順もあります。そのため、より属人化が進み、他者への引き継ぎなどを困難にしているといえます。逆に、マニュアルなどに書かれていない「暗黙の」作業が多々あることも、引き継ぎを阻害する原因です。「俺がいないとシステム運用が成り立たない」という事象が、人材の組織への癒着を進めます。他者への引き継ぎができない限り、人材のクリーンアップは困難になります。

治療法

　まず、若手を適時導入する仕組みが必要になります。ただし、「症状と影響」に書いたように、最近の若手のエンジニアは新しい技術でないと興味を持たないことも多いため、自分たちの作業に新技術を取り入れる仕組みが必要になります。たとえば、運用オペレーションの自動化、AIによる故障の兆候検知、問い合わせに対するチャットボットの利用など、最近では運用業務自体に最新技術を導入することは可能になってきています。

システム部の大部分を占める高年齢層のエンジニアには、根気よく最新の技術動向などの説明を続けたり、場合によっては非IT関連※1部署への異動を視野に入れることも必要です。

予 防 法

　作業を属人化させないようにすることが予防の一環になります。その点では、クラウド基盤を活用したシステムの構築を検討※2するのが有効です。システムは、大枠で業務ロジックとシステム基盤、外部へのネットワークに分けられますが、クラウドを活用することにより、システム基盤やネットワークは自社のシステム担当者の手を離れることが可能になります。業務ロジックのカスタマイズを徹底的に排除し、パッケージを活かしたシステムにすることでも、同じように担当者の管理作業やノウハウを極小化することが可能です。

　システム全体の構成や一部のノウハウについては、ドキュメントも必要です。「ドキュメントやマニュアルなどは後回しだ」という場合、最近は自動的にソースからドキュメントを作成するツールや、マニュアルを作成する専門会社※3もあり、活用するのも効果的です。

補 足　システムの運用保守の分野だけでなく、老齢化が進んでいる分野は、システム監査も同様です。IPAが毎年報告している情報処理技術者試験の年齢層を見ますと、ITサービスマネージャー（運用）やシステム監査技術者の平均年齢が毎年高いことがわかります。

※1　「スタッフ部門」と呼称されることが多い。
※2　本章の「マニュアルどおりにしか動けない運用者」を参照。
※3　2019年にタレントの滝川クリステルがマニュアル作成専門会社のTVCMに出演し、話題になった。

高齢化するばかりの運用現場　**103**

試験区分（春季試験）		ITパスポート	情報セキュリティマネジメント	基本情報技術者	応用情報技術者	プロジェクトマネージャ	データベーススペシャリスト	エンベデッドシステムスペシャリスト	支援士（情報セキュリティスペシャリスト）	システム監査技術者	初級システムアドミニストレータ
令和元年度	応募者	—	37.5	26.5	31.3	39.9	35.2	37.7	38.6	43.3	—
	受験者	—	37.0	25.8	30.8	40.1	35.3	37.9	38.8	43.7	—
	合格者	—	37.2	25.2	28.2	38.1	31.3	35.0	36.1	42.2	—
平成30年度	応募者	—	37.6	26.6	31.4	39.7	34.9	37.2	38.7	43.1	—
	受験者	—	37.2	25.8	30.9	39.9	34.8	37.3	38.7	43.6	—
	合格者	—	37.6	25.0	29.3	38.0	31.9	33.5	35.3	41.4	—
平成29年度	応募者	—	37.9	26.6	31.2	39.4	34.5	36.9	38.5	42.6	—
	受験者	—	37.7	25.8	30.7	39.5	34.5	37.0	38.5	43.1	—
	合格者	—	38.1	25.1	29.4	37.8	31.5	34.4	36.5	40.7	—

試験区分（秋季試験）		ITパスポート	情報セキュリティマネジメント	基本情報技術者	応用情報技術者	ITストラテジスト	システムアーキテクト	ネットワークスペシャリスト	支援士（情報セキュリティスペシャリスト）	ITサービスマネージャ
令和元年度	応募者	—	36.7	26.0	31.3	40.8	38.2	35.9	38.3	41.9
	受験者	—								
	合格者	—								
平成30年度	応募者	—	37.1	26.1	31.3	40.6	38.0	35.7	38.5	41.6
	受験者	—	36.8	25.4	30.8	41.1	38.2	35.9	38.5	41.8
	合格者	—	36.8	24.8	29.2	39.7	36.5	33.6	36.8	40.3
平成29年度	応募者	—	37.4	26.0	31.2	40.6	37.8	35.3	38.4	41.1
	受験者	—	37.1	25.3	30.8	41.1	38.2	35.4	38.5	41.3
	合格者	—	37.6	24.7	28.7	39.0	36.6	33.5	35.5	39.0

https://www.jitec.ipa.go.jp/1_07toukei/heikin_nenrei.pdf

4 章

マネジメントの病気

01

プロジェクト管理
無計画病 / 司馬

症 状 と 影 響

「このプロジェクトの詳細は、このパワポ※1で説明されているとおり
です。計画はこれですべてです。がんばりましょう」

　そんなプロマネの話に「詳細な計画はないんですか？」「進捗単位
は？」などという質問があがるものの、プロマネからの回答はなく、
納得できない参加者を残して、キックオフは終了します。
　プロジェクトの真っただ中になると、メンバーや関係者から、「現
状がさっぱりわからない」という声が聞こえるようになります。発注
者からは「要するに、今どういう状況なんだ！」と怒鳴られ、プロマ
ネの頭越しに上司にクレームが出されたりします。そして、品質面
ではバグが多数検出され、進捗遅れが頻発し、結果、コスト超過が
発生、最終的にはプロジェクトの失敗に行き着きます。

※1　Microsoft PowerPoint

原 因 ・ 背 景

このような計画しない病には、大きく2つの原因が考えられます。

1つは、プロマネが小規模（極端な場合は1人だけの）プロジェクトを動かして成功した体験を持っており、計画の重要性を理解していないことです。成功した経験や体験、ルールは、プロマネの意識／無意識に残ることがあります。その成功経験を、第三者も含めて客観的に分析し、メリット／デメリットを整理して明文化すればいいのですが、文書化されたものがない場合が多々あります。そして、少人数でのプロジェクトではルールなどなく、すべて「口頭」で済ますことが多いのですが、その伝で大人数が参加するプロジェクトを管理しようとして、痛い目にあいます。

もう1つが、プロマネの性格的な問題です。リーダーシップ論[2]でも言及されているように、レヴィンの専制型リーダータイプのプロマネが、そのリーダーシップをこじらせると、自分の頭の中にある計画に基づいて、細かく指示を与えることがあります。頭の中にある計画をメンバーや関係者はだれも確認できないため、プロジェクトが暴走することが多々あります。

「マネジメント要員が少ないため、計画を作る時間がない」というケースもありますが、実質的にマネジメントが回っていないため、症状は同じです。

---

[2]　レヴィンのリーダーシップ類型、ゴールマンの6つのスタイル、三隅のPM理論など。

治療法

治療法は2つあります。

- プロジェクトマネジメントを熟知したPMO(プロジェクトマネジメントオフィス)などにより、プロジェクトの外部から、建て直しを図る
- 要所にマネジメントを理解しているプロマネを配置して、内部から建て直す

前者は、プロジェクト外から、「計画の作成を強制」するものです。プロジェクト監査※3などをおこない、計画の不備や弱点を明確にして、プロジェクト内でプロジェクトのメンバーにより必要な計画類を作成します。効果をあげるには、外部からチェックする人にそれなりの権限を与える必要があります。

後者は、プロジェクトの体制を組みなおすものです。具体的には、現行の体制とは別に計画を作成するチームを配置し、そのチームに計画を作成させます。それと並行して、計画がなく迷走しているプロジェクトを通常運用に戻すために、リーダー層や管理チームにも新たな人を導入し、プロジェクトの運営をフォローします。

端的にいえば、前者はチェックし、「これこれを作成して」という指示をおこないます。後者は、がっつりプロジェクト(計画/体制)を作り変えるイメージです。両方実施していくこともありますが、コスト面を考慮に入れて、要員増につながる後者ではなく、まずPMOによるチェックや支援がメインである前者を実施します。ただし、現場には後者のほうが喜ばれます。

※3 監査といえば、通常は財務監査、セキュリティ監査、システム監査の3つであり、プロジェクト監査は一般的ではない。

予防法

　予防は、「計画の無作成」という事態に対するものになります。具体的には、次の2つです。

- プロジェクト計画を作成する力量のあるプロマネ（チーム）に計画を作成してもらう
- 計画のひな型をデータベース化し、適時流用する

　前者は、力量のあるプロマネ（チーム）に計画を依頼し、その計画に基づいて、プロマネがプロジェクトを運営する方法です。いわば、プロジェクトにPMリソースをレンタルします。プロマネチームは、過去の実績やノウハウを流用し、当該プロジェクトのレベル（案件難易度やメンバーの力量など）を勘案して、適切なプロジェクト計画を作成します。計画を作っても、その計画どおりに運営しなくては、意味がありません。計画どおりに運営されているかを適時チェックする機能も必要です。

　後者は、純粋にモノの提供になります。計画書の雛形を流用して計画書を作成し、その計画に基づいてプロジェクトを運営します。そもそもプロジェクト計画などはたいへんボリュームがあるものになることが多く、すべてを1から作成するのは手間がかかります。過去の計画書などをデータベース化し、ほかのプロジェクトに流用するほうが効率的です。

　ほかにも「計画に無関心なプロマネをアサインしない」という方法がありますが、人材不足が叫ばれるIT業界では実施するのが難しいかもしれません。

補足 レヴィンは、リーダーのタイプを以下の3つに分類しました。

1. 専制型

部下／集団は消極的・受動的なモノと捉える。部下を命令・指示を与えないといけないものであり、意思決定や作業手順もリーダーが指示することが正しいとする。小規模プロジェクトでよく見られるスタイル。

2. 放任型

部下／集団の行動にリーダーは関与せずに、意思決定や作業手順も部下が考え、実行する。ある意味、大人の組織。プロマネに力量がない、もしくは部下が優秀すぎる場合に見られる。プロジェクトマネジメントとの相性は悪い。

3. 民主型

部下／集団の行動にリーダーは関与せず、意思決定や作業手順も部下の合意をもっておこなわれる。2.との違いは「合意の有無」。部下は集団で討議して、意思決定する。

一般的に、小規模プロジェクトでは専制型が効果をあげ、研究職では放任型がふさわしく、理想形は民主型といわれています。

110 第4章 マネジメントの病気

有識者をつれてきたから
安心病　鈴木準

症状と影響

　プロジェクトが炎上した際、製品開発に関わった経験値の高い人や、そのプロジェクトの元リーダーや元開発者だった人(有識者)を呼び、「その人の言うとおりに行動すればうまくいくはずだ」と考えて安心してしまいます。その結果、メンバーの思考は停止し、自主的に行動しなくなり、有識者に負担がかかっていきます。新たなバグが顕在化すると、有識者は新たな対策に追われ、考える時間が少なくなり、納得した対策を打てなくなっていきます。

　メンバーの離脱や新たなバグの顕在化などによって疲弊した有識者は、やがてプロジェクトから離脱していき、別の有識者が登用されることになります。そんな有識者依存症は、プロジェクトの打ち切りが決まるまで続きます。

原因・背景

　なぜ「有識者を投入すれば安心できる」と思ってしまうのでしょうか?

　理由の1つは、作業内容がトップダウンで指示され、メンバーの

意思が反映されないことが日常化してしまっているからです。

　もう1つの理由は、マネージャーが有識者に助けられた成功体験や火消し実績を過信しているためです。「アイツに任せておけば大丈夫」といった感覚でいるため、根本原因の究明や十分な対策をせず、目先の問題のみに対応して去って行く"エセ有識者"をつれてきてしまうのです。

治 療 法

　この病気は遺伝子疾患のため、完治する治療法はありません。発症しないように予防法を守ることです。

　もし発症した時、あなたがマネージャーだったら、安易に有識者を投入せず、期限を決めて、現メンバーでやりとおさせてください。期限切れで火消しできないかもしれませんが、メンバーに失敗を体験させることで自発的な行動が必要なことを理解してもらい、人まかせの体質を改善していきます。

　それでも有識者の力が必要と判断するのであれば、メンバーが自発的に行動できるようコーチングできる人を選んでください。

　なお、有識者の投入は、プロジェクトのふりかえりの際におこなうと、チームの体質改善に効果があり、有事の際に有識者の負担も軽くなります。

　機能改善、機能追加を繰り返しても黒字にならないプロジェクトであれば、いっそのこと「止めてしまう」という判断もあります、しかし、そもそもそんな強い決断ができる組織は大火になることはありません。

112　　第 4 章　マネジメントの病気

予 防 法

　組織のDNAがこの病気の因子を持っていた場合、マネージャーはそれを認知し、トップダウンでプロジェクトを進めるばかりではなく、メンバーと普段からコミュニケーションを密にしておくことが肝心です。

　プロジェクト会議が進捗報告だけのものになっていたら、気軽に話ができるライトニングトーク形式に変えてみましょう。ライトニングトークとは、メンバーの1人が話したいテーマを3分程度で発表するものです。メンバー全員でそれについて感想や意見を出し合うようにします。口を閉ざしたメンバーがいたら、「何か気がついたことがあったらいつでも割り込んできて」というように孤立しない気遣いをして、根気よく続けることが重要です。メンバー全員がトークになじんできたら、テーマの発表時間を5分、10分と長くして、重い内容が取り上げられるようにしていきます。

　いつでもボトムアップで話ができる場があり、いつでも話せる雰囲気をメンバーが感じられたら、炎上しても大火になる前に自力で消火できるように成長します。ボトムアップの芽を育てることが、人まかせ体質を予防するためには大事です。

03

リリース可否判定会議
直後の重大バグ報告

秋山

症 状 と 影 響

　テストの結果を持ち寄っておこなうリリース可否判定会議が終わり、品質保証部から「合格」の判定が出て、「今回も大変だったけど、もう大丈夫。やれやれ……」と胸をなでおろしていると、そこにすまなそうに言ってくるテスターが。

「すみませーん。ちょっと新しいバグを見つけた（本当は前に見つけていた）ので見てもらえませんか？」

　「どれどれ」とバグを再現してもらうと、「ちょっとした軽微バグ」ではなく「重大バグ」。重大バグが見つかった以上は、デバッグし、正しく修正されたことを確認する確認テストと、デグレードが起こっていないことを確認するリグレッションテストを実施する必要があるので、リリース可否判定会議のやり直しとなり、リリース予定日は遅延します。

　もっと悪い場合では、リリース可否判定会議の後に重大バグの存在がテスターから報告されることはなく、リリース後にお客様先で問題が発生して最悪の事態を招いてしまい、10倍以上の品質ロスコ

114　第4章　マネジメントの病気

スト（外部失敗による品質損失コスト）がかかることもあります。

原因・背景

　テスト終了後にバグを報告することをタブー視する組織文化が一因としてあります。そこまでいかなくても、「テストが終わったら（新しいバグが見つかると面倒なので）もうソフトウェアには触らないでくれ」という不文律は、多くの組織で見られます。そのほかの心理的側面として、「不合格」が出ることをおそれるほかに、リリースしたい管理者の機嫌を損ねないよう（バグ報告で困らせないよう）、バグの報告を遅らせたり、握りつぶしたりする場合もあります。

　また、日本では「納期必達」に対する意識が非常に高いと言われています。理由は、QCD（Quality, Cost, Delivery）のなかで、D（納期）が最も見えやすいためと考えられています。納期は、「何月何日」と具体的にピンポイントの日付で表されるからです。デマルコらの『熊とワルツを』（日経BP社）によれば、納期は本来であれば「A月B日からC月D日までの間」とリスクの幅を持たせて定義すべきであるとありますが、日本では決してそうなりません。納期は、ピンポイントでプロジェクトの目標値に組み込まれる場合がほとんどです。QCDのC、すなわちコストについては定量化できますが、納期と比較すると（管理者でないと）計測しにくい問題がありますし、（給与などの）公開をためらうという側面もあります。QCDのQ、すなわち品質については、お客様がどう思うかについて品質特性を定めて評価・計測する必要があるため、定量化することそのものが難しく、顧みられることが少ないものです。

　以上のことから、温和な性格のテスターには「チームの目標になっている『納期必達』を守らなくてはならない」という心理が必要以上に働きます。そして、テスト期間の終了間際に自分自身が見つけた

バグによってリリース可否判定会議で「不合格」が出ることをおそれ、リリース可否判定会議で「合格」が出るまで、そのバグを自分の心の中に留め、内緒にする傾向があります。これには、「ようやく終わったと喜んでいる残業続きの同僚に水を差したくない」という心理も働きます。

　バグの多くは、テストケースそのものから少し外れたところをテスターの工夫によって狙うことによって見つかるものです。本症例が発生した時にテスターにヒアリングすると、こんなことを言われたりします。

「元々のテストケースではこのバグは見つかりませんでした。私がつい余計なことをしてしまったからと思います……。こんな操作をユーザーがするかどうか確信はありませんし、そもそも、みんなに迷惑をかけられません」

治 療 法

　この病気は「経験が浅く、温和な性格のテスター」に発症する場合が多いものです。発症時に、チームメンバーを集めて、リーダーが「発見したバグを内緒にするのがよくない理由」をチームメンバー全員に簡潔な言葉で告げる（もしくはそれをテーマに朝会などで短く話し合う）ことで、治療およびほかの人への感染を防止できます。具体的には、次のようなユーザーの立場をわかってもらう言葉をつなぎます。

- 開発中のソフトウェアを心待ちにしている人がいること
- ユーザーの使用用途と期待
- 万が一バグが出て業務が止まったら、ユーザーがとても困るということ

116　　第4章　マネジメントの病気

そうすれば、自然に「バグを内緒にしてもいいことはないな」と気づいてもらえます。

　ただし、注意喚起を促すときに、テスターの名前を出すなどの個人攻撃があってはなりません。決して悪意があって黙っていたわけではないのですから。また、長時間のお説教は逆効果となる場合があるので、注意が必要です。

予 防 法

　一般的に、テスターの仕事はテスト期間に業務負荷のピークが現れ、工数の山・谷の平準化が難しいものです。そのため、短期の業務委託や派遣の形式を取る場合が多く、「お客様志向の徹底」のような組織文化的な改善が効かない場合も多いものです。したがって、テスター教育の中できちんと伝えるとともに、テスト終了時にテストリーダーがテスター1人1人を個別に呼んで、フェイストゥフェイスで

「何か、バグっぽいもの出ていない？　再現していなくてもいいから教えてほしい」

と軽くヒアリングすることをおすすめします。

異 説　重要な機能のみを素早く評価する自動リグレッションテストが用意されていれば、機械的にOK・NGの判定ができます。そこで、リリース可否判定会議の前に、手動のテストに加えて、最小限のよく使うユースケーステストを自動化することが有効です。具体的には、次のようにすることで、重要な機能について常に必要最小限の動作保証が実現できている状態が保たれます。

① 作成した手動のテストケースのリスクを評価する。

② リスクが高い順にテストケースを並べる。

③ Redmine などの課題管理システムにテストケースを登録し、リスクが高いと評価されたものから順番に自動化する。

④ インテグレーションの都度、テストケースをすべて自動で実行する。

04

杓子定規な監査

堀

症 状 と 影 響

品質監査やプロジェクト監査は、本来、以下のことを目的におこなわれます。

- 組織やプロジェクトが置かれた状況をふまえ、計画の内容が妥当であるかを監査担当の目線も交えて確認する
- エビデンスを通じて各種取り組みが適切におこなわれているか確認する
- 組織やプロジェクトのリスクを総合的に見て抽出する
- 開発標準などの仕組みの改善ポイントを見いだす

しかし、監査する側は「書類に不備がないか」を型どおりにチェックするに留まり、結果的に組織やプロジェクトの状況を確認することが軽んじられます。

品質システムや開発標準が最適化されていないところでは、同じような情報をあちこちの書類に転記しなければならないことが多いものですが、書類に更新漏れや矛盾があれば、それが組織やプロジェクト運営には大きな影響がないものであってもすかさず指摘され、

小言を食らってしまいます。

　こういったことが重なると、監査される側には不満が溜まり、「開発標準などのルールを守る」のではなく、「監査で指摘されないようにする」という姿勢に傾いてしまいます。その結果、監査の直前になってから、いやいやながら「記入例に沿って、機械的に穴埋めをするだけ」といった書類の体裁だけ整えることにつながりになります。

「こんなことをして何のためになるのか」
「こんなことをしている時間があったら、作業を少しでも先に進めたい」
「でも、会社のルールだからしかたがない」

　そんな納得感がない中で書類作りが目的の作業をするだけで、自分で考えることをしなくなってしまいます。
　「必要な書類を整えてありさえすれば、余計な指摘がされない」という状況はモラルの低下にほかならず、ひいては

「さまざまな取り組みが浸透しない」
「整えようとしているのは形だけで、中身が伴ってない」
「作業だけが増えて、効果があがらない」
「問題が起きれば新しいルールがまた増やされるが、同じような問題が繰り返される」

といった悪循環に陥ってしまいます。

原 因 ・ 背 景

　この病のおもな原因は、「監査する側」にあります。監査の着目点がプロジェクトやプロセスの実施状況に置かれているのではなく、

120　　第４章　マネジメントの病気

「ルールどおりに書類が作られているか」と書類のチェックに終始してしまうと、「監査される側」を誤った方向にミスリードしてしまいます。

標準化は、その組織の品質と生産性を全体的に底上げするにはなくてはならないものです。しかし、ルールどおりに実施すること、標準化そのものが手段ではなく目的にすり替わってしまうと、この病にたやすく感染してしまいます。

治 療 法

監査はインタビューと計画書や記録を確認することでおこなわれますから、監査する側は知らず知らずのうちに書類のチェックのみに流れてしまうことがあります。「症状と影響」で挙げた監査の4つの目的を常に意識することが必要です。

何か書類の不備があったとしても、不備があることの結果を咎めるのではなく、「なぜ、そのような結果に至ったのか？」を相手によく聞きましょう。そのインタビューの中で、「組織やプロジェクトで何が起きているのか」を把握します。

インタビューの中で問題が見えてきたら、その問題にどう対処すべきなのか、監査者が当事者といっしょになって考える姿勢を見せることが重要です。作業が軽んじられて、単に実施していない場合には、「何のためにそれを実施する必要があるのか？」を丁寧に説明することも必要です。

監査の活動がうまくいっていないところでは、「監査する側」と「監査される側」は敵対的な関係にあることが多いものです。監査するほうもされるほうもいっしょになって、問題やリスク、貢献すべき顧客に向き合い、「何のために、何をすべきか」を共有する関係を作り上げましょう。そのためには、「監査する側」が「監査される側」を

杓子定規な監査　**121**

うまくリードし、改善のためのやる気を引き出すよう、あの手この手で工夫して働きかけることが必要です。たとえば、現場の書類審査や現物確認の後にフォローアップミーティングをおこない、その現場でよくできていることも議題に挙げ、たくさんほめます。なぜそれがうまくできているのか、理由を聞き出し、他部署に紹介したりもします。やはり人間は、ほめられると「もっとよくしてやろう」という意思が働き、意欲が向上するものです。

いわゆる「不備」が見つかったとしても、結果だけをピックアップして「以後気をつけるように」と単純に片づけず、なぜその不備に至ったのか、背景・事情も整理して共有します。監査チームは、背景・事情も含めて改善ポイントを示します。ここで大切なことは、改善内容はあくまでも現場で考え、現場で工夫してもらい、監査する側はアドバイスするに留めることです。人は自分で考えて自分で行動したいもので、人から言われてでは「やらされ感」がつきまとい、うまくいきません。

逆に、まわりの力を借りながらでも自分の力で改善できたことを自分で実感できたら、それは大きな成功体験です。「もっとよくしたい」「もっと改善したい」と欲が出てきたらしめたものです。

予 防 法

監査がうまくいくかいかないかを決めるのは、単に監査のやり方の工夫だけではありません。「何のために何をすべきなのか？」「それを適切に効率的に実施するにはどうすればいいのか？」を日頃から模索し、日常的に関係者全員がそれぞれの立場で改善する工夫をするような風土を作り上げることが、この病気の予防につながります。監査のやり方の工夫は、その延長線上にあると考えるべきです。

異　説　「現場は目を離すとすぐに手抜きをするので、監視しなければならない」という考え方もあります。たしかに、監査には「牽制」という意味もあり、だれかにチェックされるという仕組みを作ることで、必要な取り組みがスポイルされず確実に実施されるように仕向けるのが有効な場合もあるでしょう。しかし、それでは前述しているような形骸化を招くおそれがありますし、「だれかが設定したルールに沿って作業する」という域を出ず、工夫の芽を摘んでしまうことにもつながります。

　「人を性悪説に立って考えるか、それとも性善説に立って考えるか」という議論になろうかと思いますが、筆者としては基本的に性善説に立っています。なぜなら、改善活動は各人が能動的に取り組まなければ効果が出にくいと考えているためです。

補　足　「コンプライアンス」という言葉があります。この日本語訳は「法令順守」とされることが一般的ですが、機械設計の分野ではコンプライアンスには「柔軟性」や「従うこと」という意味があるそうです。「法令をガチガチに守る」とは正反対の意味です。

　コンプライアンスを広義に捉えると、「法令の条文のみならず、法令の精神に学び、それを順守すること」あるいは「法令のみならず、社会通念や倫理を尊重し、社会の要請に柔軟に対応すること」と考えるべきという意見があります。本稿の内容にも通じることだと思いませんか。

杓子定規な監査　**１２３**

05 プログラマの モチベーションが 一番大事病 / 司馬 /

症 状 と 影 響

システム開発が終了したあとの「振り返り会」において

「コスト面では赤字だが、参加しているプログラマのモチベーションが上がったから、プロジェクトは成功だ」
「赤字になったが、SEの技術力が上がったから、成功といえる」

という声があがりますが、参加者がだれもその発言に突っ込みをいれず、拍手喝采で迎えます。本来は、QCD（品質、コスト、納期）、最近では顧客満足度の達成がプロジェクトの失敗・成功の指標となります。しかし、この病気が進展すると、エンジニアは自分のモチベーションの向上のみに注視することになります。

　もっと怖いのは、プロマネがエンジニアのモチベーションのみに気をつかい、システム開発の全体像、コストと納期を度外視して、作り手、つまりプログラマのやりたいやり方でシステム開発を決行してしまうことです。「プログラマが書きたくないドキュメントは作成しない」「コードのコメントは最小限」「オールフレックスタイムでの勤務時間」など、プログラマにとっては至福の職場かもしれません

124　第4章　マネジメントの病気

が、結果として納期未達で、大赤字。プロマネは上長から責任を問われますが、前述のとおりに「赤字だけれども、モチベーションを上げる開発が目的であり、その意味では大成功だ」と抗弁することになります。結果、「大成功と言われてるプロジェクトが多いが、会社の収支は大赤字」という不思議な現象が起こります。

原因・背景

　IT業界の3K（きつい、きびしい、帰れない）、あるいは7K（3K＋規則が厳しい、休暇がとれない、化粧がのらない、結婚できない）という環境がベースにあります。そのような環境を改善したいという考えや動きの1つが、この病気の源泉といえます。

治療法

　「QCDの達成こそがプロジェクトの成功だ」とプログラマやテスターなどに理解してもらい、達成することに喜びを感じてもらえるようにすればいいのですが、昨今多くなってきている9時～5時仕事のサラリーマンエンジニア、逆にネットサーファーやゲーマーから流れてきたプログラマなどにとっては、QCDよりも自分の時間やゲームの時間や付き合いのほうが大事だったりします。

　妥協案として、どんなに仕事が立て込んでいても絶対に残業は禁止する「リフレッシュウェンズデー（リフレッシュする水曜日）」を設けるなどの施策を強制するのも手といえます。あまり強制すると、それこそ「残業禁止が一番大事病」を併発することになるのですが、週に1日だけはガス抜きする日を設け、その日にオフモードを集中させ、それ以外の日はQCD達成に集中するのも手といえます。

　さらに極論すれば、「不健康（モチベーション低の状態）でもかまわ

ない、それがあたりまえの状態だ」と割り切れば、この病気とは縁が切れます。システム開発のプロジェクトは、サービス開始までの期間限定の勝負です。終わればすべてから解放されることを周知し、不健康な環境のなかで光に向かって突き進んでもらうことも策といえます。

予防法

「プロジェクトの成功」の定義を正しく理解する ―― それが、一番の予防法です。某放送局の「プロジェクトＸ」以来、なんでもかんでも「プロジェクト」と名づけ、「少し難しいタスクを、努力と根性とチームワークで達成することがプロジェクトだ」という定義がまかりとおるようになりました。しかし、プロジェクトとは、ある目的を達成するために、期間内にユニークな作業をおこなうことで、その作業は品質、コスト、納期でチェックするものです。決して、流した汗と涙で測定するものではありません。

疑似健康体（進捗はいいが、モチベーションは低い）から、真の健康体（進捗はいいし、モチベーションも高い）への体質改善も大事です。具体的には、モチベーションを表す各種数値の月次・四半期ごとのチェック、日々の言動の確認などをベースに、モチベーションの低下が確認された場合は対策を即時実施する仕組みを作ることです。

仕事以外の活動でモチベーションを上げることも効果があります。ただし、その仕事以外の活動[※1]が会社としての取り組み[※2]になると、いきなり業務とひもづけられ、逆にモチベーション低下に結びつくことが多いので、要注意です。

※1　ボランティア活動とか周辺地域清掃活動。決してスマホゲームではありません。
※2　KPI指標など、組織としての達成値としてノルマを設けられること。

管理と設計・開発を完全分離することも、この病気の発生抑止に効果があります。プロジェクトのQCDを管理する組織と、実際に手を動かすモノ作りの部隊を論理的に分離して、プロジェクトの成否は前者の成果で判断すればいいこととします。前者にとっては、管理指標（見える数字）は「納期までに納品されたか」「コストの予実」になり、後者は純粋に「作り」に集中することも可能になります。前者にとっては、管理指標（見える数字）は「納期までに納品されたか」「コストの予実」などしかなくなるので、ほかの要因で評価するケースが少なくなります。

異　説　この病気が発症する契機について、従業員満足度調査などを挙げる学説があります。社員の仕事に対する満足度や上司への満足度などが低いと、「満足度を上げよう運動」が全社的に勃発します。この運動が活発化することによるモチベーション偏重化によって病気が発症する事例が何件か報告されています。また、2014年の労働安全衛生法の改正、そして2019年の働き方改革関連法などにより、この病気の発症は加速していくことが見込まれます。

　「モチベーションが下がるのは、慢性的な残業が原因だ」と言う無免許ドクター（＝システム開発無経験者）もいます。そのため、「水曜日は残業禁止日」「リフレッシュウェンズデー」などをルール化し、その結果「仕事が終わらないが、残業はつけられないサービス残業」という病気を発症します。そうなると、まさに「外見上は健康体だが、中身は不健康」「残業ゼロだが、疲労感満載」という、ドクター泣かせの症状を呈することになります。「残業をなくす」のではなく、「残業を引き起こす要因自体をなくす」ことが必要です。ただし、プロジェクトの成功の可否とは関係がなく、あくまでも組織の問題とすることが肝要です。

06

問題解決のための会議に
当事者が参加していない

秋山

症 状 と 影 響

　大きな不具合が連続して起こると、経営会議に上がって「このままでは株主に説明できない。何か対策はないのか」ということで、役員の鳴り物入りで不具合の再発防止を目的とした「問題解決のための会議」が始まります。初回は役員の講話などもありピリッっとした雰囲気ですが、やがて開始時刻を過ぎても発表者が来ないことすら起こります。そのうちにマネージャーが「XXさんを呼んでこい！」と怒鳴って、場の空気が悪くなったところに「業務が忙しくて、遅れてすみませ〜ん」と頭を掻きながら当事者が現れ、ようやく会議が開始するといったことが頻発してきます。1回でも当事者不在のまま会議が進むと、「それでは私も参加しない」と、どんどん感染者が増えていきます。

　このようなことが続くと、「今日はXXさん、来ないんじゃない？」と言って、問題を作り込んでしまった（あるいは問題を見逃した）当事者が不在のまま、当てずっぽうで問題の分析が進むようになります。最初のうちは会議後に真因や対策の妥当性について当事者への確認が取られても、そのうちそれすらしないようになり、事前に提出されたドキュメントと"自称エキスパート"による想像で話が進む

ようになります。議事録は当事者にも送られたとしても、当事者に真因や対策の妥当性についての確認が取られることはもはやありません。そして、「もっともらしい対策は取られるものの、同じ問題が再発する」ことになります。

原 因 ・ 背 景

　問題解決のための会議は、現場を離れた"自称エキスパート"の声（意見という名の想像）で議論が進むことが多いものです。というのは、現場にいる若手エンジニアは短納期要求への対応から残業を強いられている場合が多く、過去の不具合の分析作業が重要であると頭では理解していても、「過去の不具合」よりも「現在の開発」に思考が向かい、「過去の不具合の反省会なんて、わざわざ出ていられない」という気持ちになるからです。ましてや、他者の過去の不具合について真剣に取り組む気にはなかなかなりません。こうして、問題解決のための会議は、シニアのエンジニアが過去の経験を語る場になりやすいのです。

　ソフトウェアの世界は技術の進歩が速いため、経験談はピントがずれていることが多く、有用な結論に至らないことも、参加メンバーの足が遠のく一因です。また、マネジメントとしても、現業が多忙の場合には「とにかく明日の朝までにこれを仕上げなくては！」と、問題の再発防止よりも現業の遂行が優先されることが多いものです。

治 療 法

　まずは、個人が経験した不具合を組織で共有し、似た問題を再発させないことの意義と効果について十分に理解することで、会議への参加意欲を高めます。さらに、マネジメントが「問題解決のプロセ

問題解決のための会議に当事者が参加していない

スと成果を考課評価に盛り込む」と宣言することも効果的です。

　会議では「三現主義：現場、現物、現実の重視」を必須ルールとします。ルールを順守させ、会議の活気を上げるために、議事進行やセッティングなどを専門に担当するファシリテーターを置くといいでしょう。ファシリテーションは専門的な技術なので、「次回から君がファシリテーターをしなさい」と任命するだけではうまくいきません。専門家に任せるか、ファシリテーションスキルの習得が必要になります（以下、参考URL）。

■ エンジニアをレベルアップさせる「ファシリテーション入門」
→ https://gihyo.jp/lifestyle/serial/01/facilitation

　逆にエキスパートは、オブザーバーに徹して、コメントしすぎないことに気をつけるようにします。

　これらをみんなで守るために、部門長などの上級のマネージャーに、会の初めだけでも毎回同席してもらい、前回のサマリーと今回のテーマの報告を15分程度するといいでしょう。そうすることで、スタート時刻も守られるようになります。

予 防 法

　問題解決のための会議、特に「なぜなぜ分析」には、適切に進めないと犯人探しになりやすいという欠点があります。また、自分が積極的に参加・発言をしなくても分析が進んでいくため、あとになって「あの分析結果、違うよな」という不満が溜まりがちです。

　そこで、会議の前に、参加者の問題分析スキルを上げておくことが効果的です。たとえば、付箋に無記名で全員が意見を書き出して集約していくKJ法や、補足で述べるロジカルシンキングについて教

育するのが有効です。

　会議に参加しやすい職場環境も大切です。さらに、大きな問題が起こってから会議をするのではなく、朝会を毎日15分程度開いてその中で問題解決をおこなえば、わざわざ会議を開く必要がなくなることもあります。

補足

「なぜなぜ分析」という手法に対して、以下の批判があります。

- 「なぜ？」という問いは詰問調であり、怒られていると感じて萎縮してしまうので、いい意見が出にくい
- 原因が出ても、なぜを5回繰り返すまで分析が終わらないのはナンセンス
- なぜを5回繰り返すことに何の意味があるのかわからない

　そこで、Why（なぜ）だけで掘り下げるのではなく、5W1H（When、Who、Where、What、Why、How）のフレームワークを用いてMECE（Mutually Exclusive and Collectively Exhaustive）にロジックツリーをもちいたロジカルシンキングをおこなうことを推奨する人もいます。

　「なぜなぜ分析」自体が悪いのではありません。実際のところ、特にマネジメントの問題を見つける際に、「なぜなぜ分析」は非常に役に立ちます。たとえば、「停電時に懐中電灯が点かない」という例でいえば、停電するまでの「マネジメント上の問題」について「定期点検が適切にマネジメントできていたか？」といった視点で分析をおこなうことは非常に効果的です。

07

再発防止につながらない
トラブル解析 　秋山

症 状 と 影 響

「チェックが漏れていました」
「工数が足りませんでした」
「お客様の欲しいものをしっかりと確認できていませんでした」
「人による技術力の違いが大きすぎました」

　そんな、どこかで聞いたことがあるような言葉がトラブル反省会で出てきます。そして、次のプロジェクトでも同じような話を聞きます。マネージャーは頭を抱え、経営者は「なぜ学習しない！」「再発防止はかけ声だけか！」と声を荒らげますが、反省会では「チェックが漏れていたので、チェックリストに追加します」といった"決まり文句"を言っておけば許してもらえるという空気が流れ、実際に受け入れられます。そのようなことはトラブル発生前から「だれもが知っているけど、できないこと」なので、相変わらずトラブルはなくなりません。そして、気がつくと似たような問題が多発して、手がつけられなくなってしまいます。

原因・背景

　多忙を極め、疲弊している組織では、「嵐がとおりすぎるまで頭を低くして無難にやりすごすことで、新しい面倒な仕事をもらってこないようにしよう」という気持ちから、トラブルを前向きに解決する姿勢になりづらい面があります。

　また、反省会の当事者(問題を作り込んでしまった人)の多くは、「トラブルの原因は自分が一番よく知っていて、もう二度と起こさない」と思っています。本人に同じ問題を繰り返さないという(あまり根拠のない)自信があるため、「上長が納得すればいいや」という投げやりな気持ちでトラブル解析を形式的におこなってしまいます。また、反省会のメンバーも、多くの人が納得しそうな"答え"を吟味せずに採用してしまう傾向にあります。

治療法

「その解決策を1年前に知っていたら、今回のトラブルは発生しませんでしたか？」

　トラブル解析結果として挙がった解決策に対して、そう質問してみましょう。その答えがYesならば、それは意味のある解決策になります。

「チェックが漏れていたので、チェックリストに追加します」
「工数が足りなかったので、工数を確保します」
「お客様の欲しいものをしっかりと確認できていなかったので、お客様へのヒアリングを強化します」
「人による技術力の違いが大きすぎるので、スキルのトランスファー

をおこないます」

　このような回答の場合は、解決策にはなりません。

予防法

　トラブル解析時に「しなかった」あるいは「できなかった」のどちらだったのかについて十分に思い出し、話し合います。

　担当者がうっかりして「しなかった」ことがトラブルの原因であれば、担当者をいくら責めてもそのトラブルの防止にはつながりません。担当者の上司が、以下の対策をとるしかありません。

- 現場の把握に努めて、早くトラブルを発見する
- 業務マニュアルやプロセスを定めて、担当者に守らせる
  （上司は担当者が決まりを守っていることをチェックする）

　担当者が業務マニュアルやプロセスに対して「（こんなに短い納期では）守れるわけがない」などと仕事のモチベーションが下がっている場合には、マネジメントの一環として、工数や予算の確保をすることも必要です。

　「できなかった」（「しにくかった」も含みます）のであれば、それは技術の問題です。こちらはおもに担当者の領域になります。「できなかった」ことを「できる」ようにするのは、技術力の向上が一番です。「世界一の技術者のXXさんがやっても同じトラブルを起こすはずだ」と自信を持って言い切れるまで、スキル向上に努めて技術を改善します。

08

永遠の進捗90%

司馬

症 状 と 影 響

システム開発プロジェクトの進捗会議。プロマネが担当者に進捗を聞くと、「進捗は90%です。大丈夫です、問題ありません※1」との回答。そして、翌週の進捗会議でも「進捗は90%。問題なし」、その翌週も。このような状況が延々と続いていきます。

進捗が遅れるのはよくあることで、習慣病ともいえますが、この病気のやっかいなところは「進捗がだいたい90%ぐらいで動かない」ことです。この進捗の遅れは、プロジェクト全体に悪影響を及ぼし、やがて遅れを取り戻すために人員追加などをおこない、コスト超過を引き起こすこともあります。

原 因 ・ 背 景

そもそも、時間が経っているのに進捗が変わらないということは、「その作業自体をおこなっていない」もしくは「何かしらの問題が発

※1　「大丈夫だ、問題ない」は、有名なフラグでもある。

生し、作業をおこなえない状況にある」ことがまず考えられます。本来であれば、進捗会議でその旨を報告するのがスジですが、正しい報告がなされません。理由として、何かトラブルが発生しているなど「進捗を正しく報告できない心理的な状況」に追いやられていることが考えられますが、その裏側には「正しい報告をさせない文化」、正確には「進捗遅れを報告させない文化」が蔓延っている可能性もあります。

　また、進捗を測る仕組みや、報告する仕組みに問題があることも想定できます。たとえば、「進捗は90％」という数字が、何をもって「90％」としているのかが明確でない場合をよく見かけます。その作業を担当しているエンジニアが「ちょうど作業期間の半分くらいだから、進捗50％と報告しておこう」と考えている場合、「作業期間10日のうち、9日経過したので、90％として報告」という事態がありえます。

　報告する仕組みに原因がある代表例は、「開発メンバーが遠隔地におり、メールや電話で進捗を報告してもらう」というものです。進捗報告の修正漏れや進捗報告の未到着などにより、進捗が停滞することがあります。

　さらに、メンバーが多数の場合も、進捗の報告の仕方がまちまちになり、進捗報告に変なノイズが入ることも多々あります。たとえば、複数の報告者の間で進捗の単位が異なっている場合、報告を受けた人の感覚で数字が操作されたり、「あそこはいつも問題ないから」という経験則で進捗報告を斟酌することもあります。

治 療 法

　進捗が停滞する場合には、その作業の進捗を阻害させる原因を突き止め、それを排除する必要があります。優秀なプロマネは、進捗

報告とセットにして、課題管理表をベースにした「課題解決会議※2」を開催します。進捗報告を受け取り、その進捗が問題ない場合はそのままスルーしますが、もし進捗が停滞していたり、進捗を阻害するものがあるようであれば、進捗会議においてその課題に対して、適切なアクションを打ちます。進捗遅延に対するアクションの代表的なものは以下の5つです。

1. 残業で遅れを取り戻す（実施は楽）
2. 作業自体を減らす〜なくす（ユーザーとの調整が必要）
3. 作業を組み替える〜後ろに廻す（スケジュールの修正が必要）
4. ほかの作業と並行する（スケジュールの修正が必要）
5. 要員の追加・変更で対応（リソース管理に影響）

1.は単純に作業時間を増やすことで納期までに間に合わすことです。

2.は俗に「スコープ調整」と呼ばれ、場合によっては関係者と作業の必要性を討議しなくてはならないため、難易度が高い対応方法です。

3.と4.は、その作業自体の遅れよりは、全体のスケジュールに対する影響を考え、クリティカルパスを見直したり（3.）、WBS（Work Breakdown Structure）の組み換えをすることで、影響度を減らします。

5.は作業担当者に問題があるとして、より生産性の高い要員に変更したり、複数人での作業に変更することです。

よく、1.は「残業するだけであり、進捗遅れの対応ではない」と言う人がいますが、最近の納期を優先したシステム開発において、残業、時間外、想定時間外での対応は、遅れに対する有効な対策の1つです。

※2 「アクション会議」と呼ぶ会社もある。

決して、「残業代を払わずに対応する」ということではありません。

　進捗報告の遅れを正しく報告する文化を醸成するのは、かなり難しいことです。「怒らないから言ってごらん」というだけでは、正しい報告は出てきません。遅れても対応できる体制やアクションを打つのが可能だということを、メンバーを含めた関係者に理解してもらうことが重要です。

予 防 法

　進捗率の定義をし直すことが、予防案として処方されることが多いです。進捗率の定義はいろいろありますが、最もスタンダードなものは、WBSを正しく作成し、WBSの完了で進捗を測定するものです。

　WBSといっても、大きいものは「工程」になってしまうので、最下層のWBS（通常「ワークパッケージ」と呼ばれる）を、仮に80時間ルール※3で作成します。そのワークパッケージの完了を持って、進捗を測るのが正しいやり方といえます。

　また、よく「『見える化』で進捗遅れを防止」というキャッチフレーズも聞きますが、「見える」だけでは遅れは防止できません。進捗の正しい定義と、遅れた場合のアクションの実施の両面から、永遠の進捗90％病を根治することが可能となります。

※3　ワークパッケージは40時間、だいたい1週間でやりきる仕事で作成するのがベストという説もある。

失敗だらけのPoC

司馬

症状と影響

世間でAIやらDXやらが騒がれていると、経営者たちは「自社でも導入しないとまずい」と考え、「まずはPoC（Proof of Concept、概念実証）をおこなうことが必要だ」という結論に落ち着きます。しかし、何度やってみても、期待したような結果が出ません。まわりでは「失敗ばかりで金喰い虫だ」という声が増えていき、PoCから前に進まず、担当者も精神的に追い込まれていきます。やがて、参加メンバーも減らされ、「新技術の導入は時期尚早」という結論に落ち着きます。

原因・背景

何を持ってPoCを成功／失敗と評価するかの評価軸が明確でないのが原因です。その評価軸は、そのPoCのスポンサーや実施者が決めなくてはいけないのですが、決めていない場合、とてもハードルが高い場合、逆にハードルが低い場合などさまざまです。

PoCを評価する側に原因があるケースもあります。俗にいう「前例主義」です。「前と比べる」ことで評価するため、新技術や新しいビジネスモデルを評価できずに、「失敗」と位置づけてしまうのです。

治 療 法

　PoCは、失敗／成功は評価せずに、「何ができたのか」だけを確認する場とすることです。成功／失敗の判断は、あくまでも上位のビジネスにひもづくものだからです。「そのPoCとしては期待どおりの結果ではないため別の方法を模索し、PoCとして試行したら、その方法がビジネスの成功につながった」ということもあります。特にPoCを実施するメンバーには、失敗／成功の判断をゆだねずに、結果のみを確認することを徹底することです。達成目標をチェックし、その確認だけを淡々と実施することが大事です。

　PoCを繰り返し実行することも、治療につながります。某外資系企業の社員の言葉ですが、PoCのコツは「低コストで小さな失敗を重ねること」です。「PoCでの確認を少しずつ積み重ねることによって、最終目標であるビジネスへの展開／新サービスに実現などにつながればいい」と割り切るのがキモといえます。

予 防 法

　PoCで何をおこない、どのようなことを確認するのかの物差しを明確にするのが重要です。たとえば、以下のような項目を羅列したチェックリストをベースに、検証を進めるといいでしょう。

① 検証したい項目／機能が想定どおりになっているか？
② 安定的に稼働しているか？
③ 想定のコスト内か？
④ セキュリティ面で脆弱性がないか？
⑤ 想定外の動作は発生しているか？

特に、機能の確認である①はチェックすることが多いのですが、それ以外の項目はまったく確認しないことが多いので、注意してください。

　また、PoCをおこなう前提条件として、以下のどの観点のPoCなのかを関係者で共有することも重要です。

- 全体をある程度イメージしたスモールスタートなのか？
- 全体の一部分である部分スタートなのか？
- 実際の現場／環境なのか？
- ある特定の技術の実現可否を確認するものなのか？

　このイメージが共有されていれば、「PoCが成功したから本プロジェクトも成功する」「PoCが失敗したからビジネスも撤退する」という短絡思考に陥りにくくなります。「あくまでも部分スタート」「この技術が使えないというだけであって、ビジネス自体が否定されたわけではない」といった的確な判断が可能になります。

補足　PoCをおこなうサイクルとして、日本企業で受けがいいPDCAサイクルに倣った「DGWA」サイクルがあります。マスクド・アナライズ氏が考案した概念で、Do（実行）→ Go for Broke（当たって砕けろ）→ Warm Mind（周囲の温かい協力）→ Reaction（反応）のサイクルで回すというものです。リアクション芸人である出川哲朗氏から名前をとり、「出川サイクル」と言われ、「まずやってみる」ことを目的としています。

失敗だらけのPoC　**141**

10

部署名錯乱病

司 馬

症 状 と 影 響

「次世代グローバル・エンタープライズソリューション企画推進室」

　あなたのまわりに、そのような何をやっているのかよくわからない部署はないでしょうか？

　昔からよく使われるのは「ソリューション」「エンタープライズ」「次世代」「ビジネスプロセス」など、そして近年では「グローバル」「AI」「DX（デジタルトランスフォーメーション）」の御三家に代表される、「かっこいい」「いけてる」「イマどきな」名前を付与された部署です。

　このような名称の組織は、最新技術に「関連」しているような言葉です。そのため、"撒き餌"につられて、顧客などがホイホイと引っかかります。

　一方で、メンバーは組織名ありきで集められることが多く、たとえばグローバルでDXでイノベーションな部署に所属しているメンバーは「英語が話せるが、ITには弱い」「イノベーションを語るが、開発はできない」「DX屋だが、営業には無頓着で、マネジメントができない」という人たちだったりします。結果として、看板と仕事に齟齬が発生することになり、顧客に被害がおよびます。メンバーも、

142　第 4 章　マネジメントの病気

金ぴかな組織名と自身のスキルとのギャップに悩み、メンタル面で病む人が出てきます。

部署名のキーワードとメンバーのスキルが一致しない

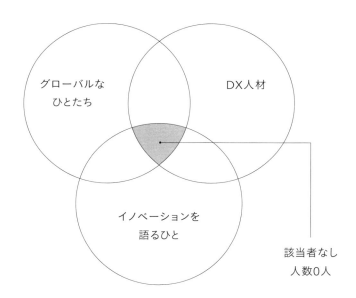

原 因 ・ 背 景

　なぜ、このような怪しい組織名が乱立するのか？　大きな原因は、このような言葉をつけないと、自社が先進的な仕事をしているとアピールできないためです。「当社は、レガシーでCOBOLな仕事ではなく、デジタルネイティブが喜ぶような仕事をしている」と顧客や学生にアピールしなくてはいけません。しかし、単なる自動化処理に

「AI」、オフショア先※に仕事を委託して「グローバル」、これが実態です。さらに、会社の経営層がこのようなワードが大好きなことが、この病気に拍車をかけます。

治 療 法

そのような部署と付き合う顧客としては、その部署に期待することと実際にできることとのギャップを確認するために、直接担当者に「どんなモノ作っているの？」「どんな作業をしているの？」と聞くことが肝要です。

逆に、自分がそのような組織に所属して、組織名と自分のスキルにギャップを感じた場合、自身のスキルを伸ばして、そのような名称の仕事ができるように近づけるようにするのが、非常に前向きな対処法といえます。「グローバルDX企画」であれば、まず最初の1年で英語を学び、次にDX、次に企画・提案のノウハウなどを学ぶ、というイメージです。ただ、3年後には組織名がまた変わっている可能性があります。

予 防 法

本来は、どのような業界・技術をターゲットにするかをまず決めて、それに対処できる人材を集め、それから組織名をつけるのが筋かもしれません。今は「スピード重視」「まずは形から」の発想で、最初に組織名をつけて、それに食いついた人材を確保し、それから業界に攻めていくという流れになっています。事前に最低限決めるべきこ

※ 中国、インド、最近ではベトナムなど。

144　第4章　マネジメントの病気

とを決めておかないと、かえって効率が悪くなります。

　また、複数のキーワードを利用して組織名をつけるときには、「あいまいなバズワードは1つまで」というような暗黙のルールを決めたほうが、まわりからの生暖かい視線を外すことにつながります。

補足　ある会社では、昔あった組織名をつけない風習があるため、企画開発課、開発企画課、開発・企画課などの単語の入れ替えや「・」を利用して、なんとか工夫して組織名を作成しています。最近では、「部署名に2.0を付ければいいのでは」という意見が真面目に出たらしいです。このように、組織名というのは、一部の人間にとってはとても大事なものです。

146　第4章

5 章

業界の病気

01

勉強会は業務ですか?

秋山

症状と影響

　ソフトウェア開発には新しい技術がつきものですが、1人で勉強するのは大変で効率が悪いので、持ち回りでセミナー受講報告会や読書会などの「社内勉強会」を開きます。しかし、最初の数回はものめずらしさもあって集まりもよく、参加者からも「楽しかったね」という声が聞こえてきますが、勉強会が5回を超えるあたりから「忙しい」といって出てこなくなる人が現れます。

　そのうちに、「持ち回りでセミナーや勉強会に行って、学んだことを共有しよう」という話だったのに「それって業務ですか?」と言い始める人が現れます。有償セミナーの受講料や書籍購入代を会社が負担しても同様です。「勉強会に行こうか」と上司が誘っても、「この勉強会、残業につけていいんですよね?」と、怒った口調で返事が返ってくるようになります。

　「それなら早朝にやるか」というと、仕事の出来栄えではなく「勉強会に参加するという前向きな態度」が評価されるような気持ちになってしまうという問題(特に優秀なメンバーのモチベーションのダウン)が起こります。

148　第5章　業界の病気

このようなやりとりが続くと、上司からの誘いはなくなり、勉強会そのものが立ち消えることにもなります。それゆえに、勉強会は深化せず、多くが初心者向けのものとなってしまいます。

　技術を深く学ぶ勉強会がなければ、自分で習得するしかなくなります。そして、必要な知識が組織に不足した状態で開発がおこなわれ、品質の悪いソフトウェアをリリースすることにつながります。

　なお、勉強会に1人でも参加しない人が現れると、引きずられるようにバタバタと不参加者が表れます。

原 因 ・ 背 景

　「勉強会への参加を拒む人＝勉強が嫌いな人」という単純な図式ではありません。自分の業務に直接関わらない知識領域であっても、技術者ならば「概要くらいは知っておきたい」と思うものです。将来のことを考えると（絶え間なく技術力を向上する必要があることは十分理解しているので）関連知識をできる限り知っておかないと不安になるためです。

　ところが、仕事が多忙の場合は、目の前の業務遂行で頭がいっぱいになります。そのようなときに、仕事の手を休めて勉強会に参加できる人を見ると、うらやましくなり、ついきつい口調になってしまうのです。

治 療 法

　まずは、現在の業務遂行に必要な知識のたな卸しをします。ゼロから始めると大変なので、IPAが2015年に公開した「i コンピテンシ ディクショナリ（iCD）」を活用するのがいいでしょう。

■ i コンピテンシ ディクショナリ（iCD）
→ https://www.ipa.go.jp/jinzai/hrd/i_competency_dictionary/

　具体的には、IPAが提供しているiCD活用システムを用いてタスク（業務）とスキル（素養）を入力し、診断します。これにより、業務に対する不足スキルが明確になり、学習意欲も湧きます。

　マネジメント側の理解も重要です。会社でおこなう勉強会は、業務に近いテーマに絞り、「仕事」として位置づけるべきです。

　なお、勉強会は、企業にとって「未来への投資」にあたります。たとえ日々の業務に直結しなくても、業界の動向や将来に備えて関連知識の習得も計画的におこなうといいでしょう※。

予 防 法

　定期的に外部のセミナーや研究会に参加し、他社の人との交流の中で、世の中の会社の教育状況をよく知ることです。昨今、社員教育に予算を取ることが少なくなりました。（新卒教育を除く）従業員の教育予算は、1人あたり年間1万円程度という調査結果（平成25年厚生労働省職業能力開発局調べ）もあります。

　マネージャーは、今年の収支が黒字だからといって、決して安心してはなりません。今年の成果は過去の努力の結果で決まりますが、未来の姿を保証するものではありません。従業員の学習と成長を、事業計画にしっかりすえつける必要があります。

※　勉強会は、バランススコアカードでいうところの「学習と成長の視点」の活動であり、品質コストでいう「予防コスト」にあたります。人材は「人件費（コスト）」と見るのではなく、「資産」としてみて、資産価値を高める必要があるからです。そうしないと、会社は成長せず、未来は暗いものになります。

異説 「勉強会は個人の努力によっておこなうことであり、会社が支援するものではない」という考え方があります。米国では「企業が人を育てる」という考え方はあまりなく、「必要なスキルを持った人を雇用する」「今よりいい条件の職業に就きたければ、自分が努力してスキルを身につける」という発想です。協力しあって勉強することも、ほとんどありません。

　日本式と米国式、ともに一長一短があり、どちらが優れているとはいえません。しかし、日本においても人材育成の予算は削られる一方であり、米国式に移行しつつあるのはたしかなようです。

勉強会は業務ですか？　　**151**

02

受注のジレンマ

森

症 状 と 影 響

　案件を獲得するために、提案・見積もりするときに、通常より安く提案します。しかし、運よく受注ができたとしても、提案時のもくろみが徐々に外れ、プロジェクトは赤字になり、結果的に会社にダメージを与えます。かといって、リスク回避のために余裕をもって見積もり・提案をおこなうと、今度は価格競争に負けて、受注できなくなります。

原 因 ・ 背 景

　日本のシステム開発は、かんたんに解雇ができない労働法規制のもとで、開発プロジェクトごとにSIer（システムインテグレーター）にシステムの提案をさせています。SIerは、受注後に技術者をかき集め、発注元の環境下に常駐させ、プロジェクトの終了とともに技術者を引き上げるという開発形態をとってきました。つまり、SIerが雇用の調整弁（開発案件ごとの日雇労働）としての役割を果たしています。このことが、発注者とSIerとの持ちつ持たれつの関係（リスク低減と、その見返りとしての安定した受注）を築いてきたともいえます。

この長年の商慣行により、発注者が自分でリスクを取らず、SIer にリスクを押しつける体制が築かれてしまいました。発注者の情報システム部門は、自分でリスクをとらないようにするために、目の前に"にんじん"をちらつかせながら、本命ではないSIerに当て馬的提案をさせ、あたかも「市場の最安値で提案させた」と経営層にアピールします（それを見抜けない経営層も）。

　また、発注者は「提案活動にもコストがかかる」という認識のないことが多く、当て馬はむしろ「自社の経営層への説明責任としてまっとうな行為である」という考えが深く浸透していることもあります。

　この病がどれほどのダメージを与えるかは、SIerの規模に依存します。大手はその体力を背景に、「投資案件」と称して、儲け度外視（1円入札など）でとりあえず受注し、同じ発注者の後発案件の受注時に先行投資分を乗せるか、長期の維持管理のような形態の契約によって投資を回収します。

治 療 法

　この病に一度でもかかってしまった場合には、根本的に治療する手立てはありません。受注側はできるだけ早期に手じまいし、これ以上の受注を辞退するなどで自衛します。

　公共系など条件の悪い案件では、提案そのものがなく、競争入札が成立しないケースも見られるようになりました。そうなると、発注者もさすがに考えるようになります。

予 防 法

予防には、次の3つの対策があります。

当て馬を避ける

これには、次のような周到な調査が必要です。

- 発注者につきあいの長いSIerがいないか？
- 親戚縁者・過去に有利な取引をしたなど、コネクションがないか？

提案を有償化する

提案活動自体を「契約前作業」として先行しておこなうケースがありますが、当て馬の可能性を察知した段階で有償提案に切り替え、少しでもリスクを減らします。

価格競争力をつける

これは時間のかかることですが、開発自体のコストを下げて、価格競争力をつけることが重要です。具体的には、次のような対策になります。

- 既存のフレームワーク／パッケージを流用して、開発そのものを減らす
- 自動化の仕組みを導入して、手作業をなるべく減らす

異 説　営業や提案、それを受けた発注企業の競争入札は、いい製品を少しでも安く手に入れようとする行為であり、健全な競争原理から生まれたものであるという考え方もあります。発注者と受注者が対等な関係であれば、本稿で取り上げた状況はまっ

たく問題なく、"病気"とはいえません。

　この病気の問題点は、発注者と受注者のパワーバランスの崩壊に起因することに尽きます。「お客様は神様です」という言葉がありますが、それを誤解し、「発注者は受注者に対して何をしてもかまわない」というまちがった考えのもと、いわば企業レベルのパワーハラスメントがおこなわれているということです。

　受注した側は、提案に向けて、技術調査、プロトタイプの実装、受注後の体制作り、提案資料の作成・レビューなど、提案1つにもコストがかかっており、それがふいになることで利益が圧迫されるという事実をまず知ることが重要です。発注者は安く買いたたくことを目的とするのではなく、健全な企業間の競争を促すことを目的とすべきです。

03

超多段階下請け開発

司馬

症 状 と 影 響

　システム開発プロジェクトを受注した元請けが自社で開発するのではなく、二次請けに丸投げし、二次請けはそのまま三次請けに丸投げ、そして三次請けは……というように、多階層にわたって仕事を丸投げします。元請けから末端の下層までの段階が多いため、下層から上層への進捗報告に半日かかるとすると、5階層ある場合には単純計算で2日かかります。

　原価で10億円超のあるシステム開発プロジェクトでは、元請けの進捗会議のみで1週間のうち4日を費やしている事例もあります。元請け会社のあるプロマネの1週間の予定表からピックアップすると、「ユーザーとの進捗会議」「二次請けとの進捗確認」「元請け会社内部の進捗確認」「他部門（インフラグループ、運用グループなど）との状況確認」「ハードウェアベンダーとの打ち合わせ」「社内の第三者監査部門との打ち合わせ」など打ち合わせ自体も多いですが、打ち合わせや会議のための事前資料作成、事後の議事録のチェック、関係者間の意識合わせなどの、会議に付随する作業に時間がかかります。そのため、報告のやりとりだけで完了し、本当に時間をかけたい開発の進捗遅れや課題に対するアクションが後手に回ることもしばしばです。

多重請負における進捗報告

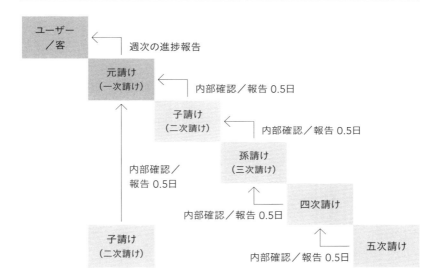

　三次請け以下の下請け（以下「孫請け」）では、生産物に対する意識の欠如も発生し、「このシステムは何を作っているのかわからない」「全体像が見えない」などの声があがります。契約の都合上[※1]、自社の名刺ではなく元請けや二次請け会社の名刺で作業をすることも多々あり、「○○さんは元気ですか？」などとユーザーから声をかけられても、「いや、面識がないもので」などと返すしかありません。エンジニアのストレスはたまり、愛社精神も削られていきます。ユーザーとの懇親会や飲み会でも、「自分は下請けの下請け」だと白状できず、出された酒をいくら飲んでも節度を忘れない（白状できない）、品行方正なエンジニアが育つことになります。

※1　受注案件として、元請けの二次委託を禁止するケースがある。その対策として、元請けの名刺を使用することがある。

超多段階下請け開発　　**157**

原因・背景

　日本では、欧米各国と異なり、開発要員の確保はおもにベンダー（大手システムインテグレーター）がおこなうことになります。しかし、大規模なシステム開発を自社要員だけで回せるだけの多人数の要員を1社で抱えているところはありません。開発コストが20億だとすると、100万円＝1人月換算と仮定して、2000人月、工期が10ヶ月とすると、月平均で200人／月のエンジニアが必要になります。

　社員数1000人以上の大手ベンダーだとかんたんに対応できそうですが、そのような会社では、たった1つの案件だけを回しているわけではなく、常に複数の案件が動いています。また、会社の社員数が多くなるに従い、開発とは関係ないスタッフの割合も多くなります。その開発で必要とされるスキルの種類やレベルもまちまちです。1社の社員だけで1つの案件の開発要員を賄うことは、非常に難しいといえます。

　「1社で必要なスキルのエンジニアが集まらない」ことも遠因としてあります。セキュリティ、データベース、ネットワーク、ストレージなどのエンジニアは、それを専業としているソフトウェアハウスやハードウェアベンダーに集中していることが普通です。また、そのような会社でも、内実は自社のエンジニアではなく、子会社やグループ会社、外注会社に委託し、管理業務しかしていない場合も多数あります。

　大手ベンダーの下請け会社は、安い単価ながら、仕事を長期間にわたり安定していただける境遇に安住しているため、短納期で新技術が必要な、しかしユーザーとのタイマン勝負が必須のシビアな案件を取りにはいきません。そのため、COBOLやメインフレームの仕事が多くなり、やる気のある若手技術者や新卒院生が近寄らずに、ルーティンワークに慣れたベテランしか残らなくなります。

さらに、元請けの大手ベンダーの調達では、新規の外注会社を選定することはまずありません。連結売上などを勘案し、第一にグループ会社、次に付き合いのあるソフトウェアハウスを選定することが通常です。基本契約はすでに結ばれ※2、開発プロセスなども熟知しているので、リスクが低いと判断するからです。そして、技術力があり、業務ノウハウも持っている会社でも、初取引の場合は、自社の関連会社の配下に置いたりすることが通常です。このような調達システムにより、請負の多重化が加速します。

治 療 法

　コミュニケーションに時間がかかる件については、開発者やユーザーも含めた全員が参加できる会議システムや情報共有ツールを使用することで、ある程度タイムロスを少なくすることができます。最近では、テレビ会議やWeb会議を利用することが多いようです。

　ユーザー側から、開発の際には下請け会社も含めて開発体制を明記するように要望するのも有効です。2000年頃に発生した某教団のソフト開発受注事件（下請け会社として、要注意団体の関連会社に開発を委託していた）以降、公共関連や官公庁で契約時に体制の記載を織り込むことが多くなりました。ユーザーが「システム開発は契約先の元請け会社だけでおこなうことはない」と理解してきたのも一因です。開発体制を明記することで、偽装派遣のような不法行為がなくなり、エンジニアが自社名を堂々と名乗って仕事をできる環境は整いつつあります。

※2　契約は通常、基本契約と個別契約に分かれることが多い。個別契約は案件別／工程別の契約となる。

予 防 法

多段階・多階層開発自体を防止するには、多段階開発の起因となっているような大規模なシステム開発を減らすことが第一です。公共の案件を中心に、規模の分割化、工程分割などを実施して、大規模開発をなくすことが多くなってきています※3。

さらに、米国のように、ユーザー企業自体で開発者を持ち、システム開発をコントロールするのも効果があります。ユーザー企業に、ベンダー並みの力量のある、特にマネジメント力のあるプロマネやマネジメントグループの体制を組み、機能単位やサービス単位に開発を分割し、小規模化※4することによって、必要なタイミングで段階的にリリースすることも可能になります。ITリテラシーの高いユーザー企業ではすでに実施されています。経済産業省で推進しているITコーディネータ制度なども、そのような体制を構築・推進するための支援施策といえます。

契約面から、多重請負を防御する方法もあります。かなり乱暴ですが、契約を請負契約から時間単金の契約に変更すればいいだけです。請負のメリットはハイリスク・ハイリターンであり、時間単金契約は薄利多売になりますが、案件の規模や期間などを勘案して適切な契約を締結することにより、請負契約による全工程の丸投げは予防できます。

異 説　分割した案件間のコミュニケーション、機能間の整合性や工程間の引き継ぎなどの「稼働損」を考えると、ピラミッド的な多階層でのトップダウンのシステム開発は安定して開発を進めるための"日本の知恵"ともいえます。

※3　「情報システムに係る政府調達の基本指針」(2007年)の影響。
※4　「マイクロサービス」という方法論。

04

プログラマ→SE→プロマネのキャリアパス病

司馬

症 状 と 影 響

　IT業界における典型的なキャリアパスとして、「まずプログラマになり、その後SE（システムエンジニア）、そしてプロマネ（プロジェクトマネージャー）になる」というものがあります。しかし、プロマネにはプログラマやSEと異なる知識やスキル※が必要であり、無理にもともとの知識を活かそうとすると「プログラミング重視」のマネジメント、逆にいうとシステム開発におけるアーキテクチャや運用、データ移行などを考慮しない「作り」にのみ特化したプロジェクト管理をおこなってしまい、性能要件を考慮しないシステムになってしまったり、データ移行作業に想定以上の要員や作業を費やすことになります。

　さらに、プログラミングしかわからないプロマネやら、業務設計しかできないプロマネが、自らプログラミングや設計をおこない、本筋のプロジェクト管理を放棄し、問題プロジェクト化します。中小ソフトウェアハウスや小規模なシステム開発プロジェクトでは、

※ PMBOKが有名な体系であり、デファクトスタンダードといえる。

「プロマネ兼SE」とか「プロマネ兼SE兼プログラマ」のような兼務が非常に多く、上流から下流までこなせる新時代に対応した職種としてもてはやす風潮もありますが、プロジェクトマネジメントを知らないSEがプロマネっぽいことをしているのが実態です。

原 因 ・ 背 景

中堅社員以上になると、会社・組織としては管理職にアサインする必要もあります。課長や部長にアサインし、そのままその部下をプロジェクトメンバーとして管理するプロマネとなる、一石二鳥の戦略です。中小ソフトウェアハウスなどでは、おもに人手不足により、プロマネ専任職がアサインできない実情があります。

治 療 法

人事などを巻き込んだ施策を実施する必要がありますが、そのためには経営層にもプロマネという職種を認識してもらう必要があります。プロマネとしてのトレーニングを受けたプロマネ専門職と、SEの延長線上でプロジェクトマネジメントをおこなっているプロマネが担当したプロジェクトの規模と成功割合のマトリクスを提示し、大規模になるほどプロマネ選任職をアサインしたほうがいいことを示すのも手です。

なお、IPAなどでは、ITスキル標準（次ページの表）などでITエンジニアの専門職化を目指していますが、実態としてはレベル1と呼ばれる最下層が実質プログラマであったり、職種：プロジェクトマネジメントがレベル3からレベル7に位置していたりしており、「プログラマの専門職」「若年層のプロマネ職」というキャリアが描きづらいものとなっています。

162　　第5章　業界の病気

職種	専門分野	レベル7	レベル6	レベル5	レベル4	レベル3	レベル2	レベル1
エデュケーション	インストラクション		■	■	■	■		
	研修企画		■	■	■			
ITサービスマネジメント	サービスデスク						■	■
	オペレーション						■	■
	システム管理					■	■	■
	運用管理					■	■	■
カスタマサービス	ファシリティマネジメント						■	■
	ソフトウェア					■	■	■
	ハードウェア					■	■	■
ソフトウェアデベロップメント	応用ソフト							
	ミドルソフト							
	基本ソフト							
アプリケーションスペシャリスト	業務パッケージ		■	■	■	■		
	業務システム		■	■	■	■		
ITスペシャリスト	セキュリティ							
	システム管理							
	アプリケーション共通基盤							
	データベース							
	ネットワーク							
	プラットフォーム							
プロジェクトマネジメント	ソフトウェア製品開発	■	■	■	■	■		
	ネットワークサービス	■	■	■		■		
	ITアウトソーシング	■	■		■	■		
	システム開発	■	■	■	■	■		
ITアーキテクト	インフラストラクチャアーキテクチャ	■	■	■	■	■		
	インテグレーションアーキテクチャ	■	■	■	■	■		
	アプリケーションアーキテクチャ	■	■	■	■	■		
コンサルタント	ビジネスファンクション	■	■	■	■	■		
	インダストリ	■	■	■	■	■		
セールス	メディア利用型セールス							
	訪問型製品セールス							
	訪問型コンサルティングセールス							
マーケティング	マーケットコミュニケーション							
	販売チャネル戦略							
	マーケティングマネジメント	■	■	■				

■ ITスキル標準　V3　キャリア編
→ https://www.ipa.go.jp/files/000024842.pdf

　実際にプロマネとして働いている経験者にどのようなスキルが必要であり、プログラマやSEとの違いをヒアリングすることで、専門職「プロマネ」と管理職との違いが明らかになります。

予防法

　一策として、入社してすぐにプログラマではなくSEの仕事をさせたり、またはプロマネとしてアサインするのは無理にしても"プロマネ候補"としてプロマネ教育やプロマネ補佐的な仕事をさせることも可能です。それにより、「プログラマからSEを経てプロマネになる」というキャリアパスを切ることができます。ただ、そうなると、「プログラミングを知らないプロマネ」という新たな病気に罹る可能性が高くなりますが、それはまた別の病気となります。

補足　プログラマ、SE、プロマネの仕事はまったく違うものですが、それでもIT業界のプロマネ職はプログラマやSEを経た人でないと難しいといえます。建設業やエンジニアリングなどで長年プロマネを務めた人が「IT業界でもプロマネができる」と勘違いし、現場や関係者とうまくコミュニケーションを取れず、プロジェクトが難航することが一時期多発しました。これは、システム開発の特異性を理解せずに、自分が経験してきた業界のマネジメントをそのまま適用しようとして失敗したものです。

　他業界と比べたシステム開発プロジェクトの特異性は、以下のようなものです。

- 短工期（スケジュール）
- 1人の担当者が複数の工程を担当する（調達）
- 目に見えない成果物が多い（スコープ、品質）
- 最新の技術を理解する（スコープ、リスク）
- ほぼすべてがクリティカルパス（スケジュール）

　プログラマやSEの経験は、システム開発において「どのような手順で、どのような作業をおこなうのか」「どんな成果物を作成するのか」「どのようなリスクがあるか」などを理解するうえで必要な経験といえます。

05

学生の
キャリアアンマッチ病

司馬

症 状 と 影 響

　大学の情報系学部で学び、大学院まで進んだ"優秀な学生"が希望どおりに大手ベンダーに入社。入社後に、与えられた仕事と自分の能力にギャップを感じて、「こんな仕事をするために大学で情報系を学んだのではない」と叫び、退職してしまいます。彼らがいう「こんな仕事」とは、非プログラミング作業であり、非インフラ系の作業であり、非先端の、技術を使わない仕事です。使う道具は表計算ツール[※1]や文書作成ツールだったりします。

　会社としては、社会やIT業界を知らない新人に「これからはオープンプラットフォームだ。自分はオープン系で仕事をするために会社に入ったんだ」「俺はAIでトップをめざす」などといきなり言われても、そのような案件がなければ仕事をふれません。

※1　Microsoft Excel が多い。

原因・背景

　大手ベンダーを含むIT企業の会社説明があまりにもバラ色で実態に即していないことが多いのが原因の1つです。「即戦力だ」「情報系学部なんてすばらしい」などとリップサービスをしますが、大学の授業で習うことと、仕事で業務システムを作ることはまったく違います。その違いの部分は大学のカリキュラムにありませんから、入社してから学ぶことになります。たとえば、市販のJava本に記載されているソースコードを一から書くことは絶対にありません。会社では、いままで作ってきたシステムやソース、設計書をうまく流用・活用して、開発を進めます。さらに、1人で作業するのではなく複数人での作業であり、設計書やソースコードは決められたルールに基づいて作成しなくてはなりません。

　学生がIT系の仕事をまったく理解していないことも問題です。"IT系"といっても、「上流設計」「プログラミング」「セキュリティ」「コンサル」「ユーザー教育」「システム監査」などさまざまな職種があり、それぞれ専門の会社や担当者がいます。「自分のしたい仕事をその会社がしているのか?」「希望する部門に所属できるのか?」などのリサーチをしっかりしておかないと、キャリアアンマッチの悲劇はなくなりません。特に、ネットで騒がれたIT系ベンダー大手[2]では、上流工程やプロジェクト管理がメインの仕事になるため、確実に管理作業系がメインになります[3]。

※2　出典：2016年6月時点　http://anond.hatelabo.jp/20160413023627
※3　本章の「超多段階下請け開発」を参照。

学生のキャリアアンマッチ病　**167**

治療法

　退職・転職は、1つの治療といえます。お互い「不幸な出会いだった」と割り切ることも必要です。

　また、大手ITベンダーの場合、たいてい研究開発部門が存在します。そこでは、新しい手法や開発プロセスの研究をひたすら実施しています。そのような場所への異動を希望するのも手といえます。

予防法

　「最新技術で、自分の手でシステムを作りたい」と思っている学生の方は、1からシステムを作るような会社を志すほうがいいでしょう。

　また、大学ではオープンプラットフォーム、フリーソフトなどを使用して授業をおこなうことが多いと思いますが、メーカーやベンダーでは基本的に自社製品を使います。そのため、大学での授業でも、その点を考慮に入れた産学共同のカリキュラムの作成をしないと、"即戦力"の新入社員など夢となります。システム開発の手法においても、学生レベルで実施しているような動作確認に毛の生えたようなテストなどありえません。異常系までしっかりテストをするのが、ビジネスとしてシステムを構築するには必要です。このあたりの考え方をしっかりと学生に伝えることも大事です。

　企業にとっては、新入社員教育を見直す必要があります。自分の入社した会社、そして配属される部門が「IT業界のなかでどのような仕事をしているのか？」「上流・下流のどの工程を担当するのか？」「どのような技術やサービスが武器なのか？」を理解してもらうことがポイントになります。現場に配属される前に自分たちの役割を学生にしっかりと理解してもらうのは、彼らがIT業界でストレスなく働くうえで重要なことです。

参考文献

- ソフトウェア病理学 ── システム開発・保守の手引（構造計画研究所）
- アドレナリンジャンキー ── プロジェクトの現在と未来を映す86パターン（日経BP）
- 熊とワルツを ── リスクを愉しむプロジェクト管理（日経BP）
- アンチパターン ── ソフトウェア危篤患者の救出（SBクリエイティブ）
- IT失敗学の研究（日経BP）
- システムの問題地図
  〜「で、どこから変える？」使えないITに振り回される悲しき景色（技術評論社）
- ソフトウエア開発55の真実と10のウソ（日経BP）
- レガシーコード改善ガイド（翔泳社）
- 新装版リファクタリング ── 既存のコードを安全に改善する ──（オーム社）
- ソフトウェアテスト293の鉄則（日経BP）
- Making Software ── エビデンスが変えるソフトウェア開発（オライリージャパン）
- Bug Advocacy: A BBST Workbook（Context-Driven Press）
- TPI NEXT ── ビジネス主導のテストプロセス改善（トリフォリオ）
- 定量的品質予測のススメ ── ITシステム開発における品質予測の実践的アプローチ（オーム社）
- プロジェクト現場のメンタルサバイバル術（鹿島出版会）
- システム障害はなぜ二度起きたか ── みずほ、12年の教訓（日経BP）
- 新米リーダーの不安（技術評論社）

索 引

数字

1.5次開発 ………………………………… 12

3K ……………………………………… 125

5W1H …………………………………… 131

7K ……………………………………… 125

80時間ルール …………………………… 138

A

ADD (Architecture Driven Development)

……………………………………… 83

AI ………………………………………… 59

ATAM (Architecture Trade-off Analysis

Method) ……………………………… 83

B

BizDevOps ……………………………… 88

BTS (Bug Tracking System) …………… 71

C

CBAM (Cost Benefit Analysis Method)

……………………………………… 83

CI (Continuous Integration) ….. 59,95,118

CMM／CMMI …………………………… 48

CPM法 …………………………………… 77

D

DevOps ……………………………… 81,88.94

DGWAサイクル ………………………… 141

E

Excel …………………………………… 63

I

ISO 25000シリーズ …………………… 83

ISO 9000 ……………………………… 48

ISO/IEC/IEEE 29119 ………………… 71

ITS (Issue Tracking System) ……… 62,118

IT系の仕事 …………………………… 167

ITスキル標準 ………………………… 162

iコンピテンシ ディクショナリ (iCD) ….. 148

K

KJ法 …………………………………… 130

L

LOC …………………………………… 44

M

MECE ……………………………… 23,131

P

PMBOK ………………………………… 48

PMO …………………………………… 108

PoC (Proof of Concept) ……………… 139

Q

QAW (Quality Attribute Workshop) … 82

QCD ……………………………… 115,124

QI法 …………………………………… 54

S

SE ……………………………………… 161

SEPG (Software Engineering Process

Group) ……………………………… 47

SLA …………………………………… 85

SLOC ………………………………… 44

T

T.B.D …………………………………… 28

U

UML …………………………………… 62

USDM ………………………………… 62

W

WBS (Work Breakdown Structure) ….. 137

Wモデル ……………………………… 16

X

XP ……………………………………… 39

あ

アーキテクチャ ………………………… 83

アウターループ ………………………… 83

アジャイル開発 ……………………… 20,32.97

170

アジャイル適用チェックリスト ············· 38

い

インナーループ ···························· 83

インフラ ······························· 87, 103

う

ウォーターフォール型開発 ················ 40

請負契約 ······························· 21, 160

運用 ······················· 73, 81, 88, 94, 101

運用者 ··································· 84

運用設計 ··································· 92

運用でカバー ······························· 89

え

エバンジェリスト ························· 35

エビデンス ······························· 63

お

オンプレミス ······························· 87

か

会議 ····································· 128

概念実証 ································· 139

開発 ······················· 81, 88, 91, 94, 151

開発体制 ······························· 30, 159

開発標準 ··································· 47

学生 ····································· 166

かぞえチャオ！ ··························· 44

課題管理 ························· 62, 118, 137

監査 ····································· 119

関連 ····································· 24

関連数 ····································· 27

き

キーマン ······························· 12, 82

偽装派遣 ································· 159

キャリア ································· 166

凝集度 ································· 25, 43

銀の弾丸症候群 ··························· 35

く

クラウド ······························· 87, 103

クリティカルパス ····················· 137, 165

け

計画 ····································· 106

継続的インテグレーション ······ 59, 95, 118

契約書 ····································· 11

結合度 ····································· 44

現行どおり ································· 14

こ

工数 ····································· 29

構成管理 ································· 62, 95

高齢化 ····································· 101

コーディング規約 ························· 42

コールセンター ··························· 83

コミュニケーション

··················· 30, 50, 67, 85, 113, 160

コメント ··································· 44

コンプライアンス ························· 123

さ

再鑑 ····································· 56

再発防止 ································· 132

三現主義 ································· 130

散布図 ····································· 44

サンプリングレビュー ····················· 54

し

仕事 ····································· 167

自称エキスパート ························· 128

下請け ··································· 156

実務に活かすIT化の原理原則17ヶ条

··································· 18

社内の技術コミュニティ ··················· 50

受注 ····································· 152

準委任契約 ································· 21

仕様	10, 14, 28, 29
仕様確定	10
仕様書	11, 20, 25, 30, 52
上流工程	16, 167
人員の投入	17
進捗	135

す

スクラム	39
スクリーンショット	63
スケジュール	137
スコープ	137, 165
スパゲッティ・ドキュメント	22

せ

性悪説	123
成果物関連図	23, 25, 54
成果物の分割	24
責任	11
セミナー	147
前例主義	139

そ

ソースコード	41
ゾーン分析	75
属人化	97, 102
訴訟	21, 66

た

代替操作	74
多段階下請け	156

ち

チェックリスト	132
調達	165

て

テクメモ	50
テスタビリティ	75
テスト	18, 19, 28, 42, 60, 63, 72, 114

テストケース	72, 116
テストケース密度	73
テスト自動化	65
テスト仕様書	60
テスト設計	16

と

ドキュメント	22, 37, 97, 102
トラブル	132, 135
トレーサビリティ	23, 46, 65

な

なぜなぜ分析	130

に

人月	29, 158

の

納期	27, 115

は

バージョン管理	62
バグ	19, 60, 93, 114
バグ票	18, 63
バグレポート	67
派生開発	14, 60, 72
働き方改革	127
バックログ	31
パッケージ	87, 103, 154
反復開発	32

ひ

ビジネスリエンジニアリング	46
ビッグバンレビュー	52
ヒヤリハット	86, 90

ふ

ファイルのまるごとコピー	44
ファシリテーション	130
不具合管理	67
部署名	142

物理行数 …………………………… 44	
フレームワーク ………………………… 154	
プログラマ …………………………… 124, 161	
プロジェクト ………………… 135, 152, 161	
プロジェクト管理 ……………………… 106	
プロジェクトマネジメントオフィス ……… 108	
プロマネ ……………………………… 106, 161	

へ

ペーパープロトタイピング ……………… 21
ヘルプデスク …………………………… 80
変化に強い ……………………………… 83
勉強会 ………………………………… 147

ほ

保守 …………………………………… 41, 82

ま

マニュアル ………………… 81, 84, 97, 102
マルチベンダー ………………………… 43

む

無計画 ………………………………… 106

め

メールレビュー ………………………… 57
メトリクス ……………………………… 73
メンテナンス …………………………… 82

も

モダンレビュー ………………………… 59
モチベーション ………………………… 124
モニタリング …………………………… 82
問題解決 ……………………………… 128

ゆ

ユーザーストーリー …………………… 20
有識者 ………………………………… 111
ユースケーステスト …………………… 117

よ

要求 …………………………………… 29
要件定義 ……………………………… 14

ら

ライフサイクル ………………………… 42, 90

り

リーダーのタイプ ……………………… 110
リーン ………………………………… 39
リグレッションテスト …………………… 117
リスク ……………………………… 31, 151, 165
リソース管理 …………………………… 137
リファクタリング …………………… 25, 42
リフレッシュウェンズデー ……………… 125
リリース …………………………… 19, 114

れ

レビュー ………………… 52, 57, 73, 93
レビュー計画書 ………………………… 53

ろ

ロジカルシンキング …………………… 130
論理行数 ……………………………… 44

わ

割れ窓理論 …………………………… 17

著者略歴

司馬紅太郎（しば こうたろう）

【Twitter】@shiba_koutaro
法学部卒業後、IT業界へ。プログラマから始まり、さまざまなプロジェクトでシステム開発を経験、近年は大手ベンダーで、PM、PMO、PM支援を務める。取得資格はPMP、CISA、ITコーディネータなど。
著書に『空想プロジェクトマネジメント読本』『観察系エンジニアの告白』（以上技術評論社）、『ニッポンエンジニア転職図鑑』（幻冬舎メディアコンサルティング）など多数。趣味ゲーで、船団「まったりお茶」所属。

秋山浩一（あきやま こういち）

【Twitter】@akiyama924
HAYST法のコンサルタント。博士（工学）。日本品質管理学会代議員。
ASTER理事、SQiP研究会、ISO/IEC JTC 1/SC7 WG26委員。
著書に『ソフトウェアテスト技法ドリル』『事例とツールで学ぶHAYST法』（日科技連出版社）など。

森龍二（もり りゅうじ）

SIerで技術支援やレビュー組織リーダーを経験後、第三者検証会社に転職。不具合分析を中心に、現場の検証サービスを支援している。システム開発プロジェクトにおいてさまざまな不条理を目の当たりにしたことと、Capers Jonesの『ソフトウェア病理学』（構造計画研究所）に感銘をうけ、読書会を主催したことが本書の執筆につながっている。趣味はピアノ演奏。訳書に『システムテスト自動化標準ガイド』（翔泳社）。

鈴木昭吾（すずき しょうご）

【Twitter】@rin2_
電機メーカー系企業に入社後、企業向けシステムの設計、導入、カスタマイズなどをおこなうSE（システムエンジニア）を経験したのち、品質保証部門に異動。SI案件や自社プロダクトを対象に、設計レビューやリリース管理、プロセス改善などに従事している。ソフトウェア開発現場の課題や高品質なプロダクトを設計・開発するためのヒントをつかむために、ソフトウェア品質やソフトウェアテスト関係のコミュニティで活動している。

都築将夫（つづき まさお）

2005年5月〜2018年3月、東海地方の製造業系子会社の開発部署でソフトウェアテストを担当し、テスト技術を磨きつつ探索的テストを実践。2018年4月以降、SEPG＆PMOとして親会社に出向し、定量的開発管理や開発ツール導入など、さまざまな開発部署を支援中。

堀明広（ほり あきひろ）

組込み系プログラマ、ソフトウェア品質管理を経て、現職はバルテス株式会社R＆C部 担当部長 兼 上席研究員。担当業務は社内人材育成、検証・分析の技術開発、標準化、セミナー講師。おもな訳書は『ソフトウェアテスト293の鉄則』（日経BP、共訳）、著書は『ソフトウェア見積りガイドブック』（オーム社、共著）、『続・定量的品質予測のススメ』（佐伯印刷、共著）。論文発表・講演多数。得意分野はバグ分析。

佐々木誠（ささき まこと）

1978年生まれ。北海道旭川市出身。現職はアイエックス・ナレッジ株式会社。Webシステム構築の要件定義から、開発、テスト、保守運用、廃止まで一貫して携わる。関心をテスト領域へ移して、現在は受入テストに従事するテストエンジニアとして活動。Capers Jones著『ソフトウェア病理学』（構造計画研究所）に関心を持っていたところ、日本語版執筆のSQiP SIGに出会い、本書の執筆活動に参加。

鈴木準一（すずき じゅんいち）

ソフトウェアQA一筋30年。
1962年生まれ。10歳で半田ごてを握り、14歳でマイコンに機械語を打ち込む。
1986年、日本大学生産工学部数理工学科を卒業後、大手ITベンダーに入社。サーバOSやHAソフトウェアのテスターとして耐故障性テストの腕を鍛え、基幹業務系やパブリッククラウドのシステム基盤といった大規模システムのQAを得意とする。

執筆協力（50音順）
浅見加奈子
島尻宗一
島根義和
庄司敏浩

ブックデザイン ………… 三森健太（JUNGLE）
DTP ………………………………… 五野上恵美
編集 …………………………………… 傳 智之

■ お問い合わせについて

本書に関するご質問は、FAX、書面、下記のWebサイトの質問用フォームでお願いいたします。
電話での直接のお問い合わせにはお答えできません。あらかじめご了承ください。
ご質問の際には以下を明記してください。

• 書籍名　　• 該当ページ　　• 返信先（メールアドレス）

ご質問の際に記載いただいた個人情報は質問の返答以外の目的には使用いたしません。
お送りいただいたご質問には、できる限り迅速にお答えするよう努力しておりますが、お時間
をいただくこともございます。
なお、ご質問は本書に記載されている内容に関するもののみとさせていただきます。

◆ 問い合わせ先

〒162-0846　東京都新宿区市谷左内町21-13
株式会社技術評論社　書籍編集部　「IT業界の病理学」係
FAX：03-3513-6183
Web：https://gihyo.jp/book/2019/978-4-297-10857-1

IT業界の病理学

2019年11月22日　初版　第1刷発行

著　者　　司馬紅太郎、秋山浩一、森龍二、鈴木昭吾、
　　　　　都築将夫、堀明広、佐々木誠、鈴木準一
発行者　　片岡巌
発行所　　株式会社技術評論社
　　　　　東京都新宿区市谷左内町21-13
　　　　　電話　03-3513-6150　販売促進部
　　　　　　　　03-3513-6166　書籍編集部
印刷・製本　港北出版印刷株式会社

製品の一部または全部を著作権法の定める範囲を超え、無断で複写、複製、転載、テープ化、
ファイルに落とすことを禁じます。
造本には細心の注意を払っておりますが、万一、乱丁（ページの乱れ）や落丁（ページの抜け）
がございましたら、小社販売促進部までお送りください。送料小社負担にてお取り替えいたします。

©2019　司馬紅太郎、秋山浩一、森龍二、鈴木昭吾、
　　　　都築将夫、堀明広、佐々木誠、鈴木準一
ISBN978-4-297-10857-1　C3055
Printed in Japan